宿营　登山　垂钓　航海　野外活动

终极 结绳技巧 全图解

一步一步教你打多种用途的精美绳结

〔澳〕内维尔·奥利菲　〔澳〕玛德琳·萝莉·奥利菲　著

陈显波　曹佳丽　译

U0259984

武汉出版社
WUHAN PUBLISHING HOUSE

（鄂）新登字 08 号

图书在版编目 (CIP) 数据

终极结绳技巧全图解/（澳）奥利菲，（澳）奥利菲

著；陈显波，曹佳丽译 . — 武汉：武汉出版社，2013.8

ISBN 978-7-5430-6676-2

Ⅰ . ①终… Ⅱ . ①奥… ②陈… ③曹… Ⅲ . ①绳结 –

手工艺品 – 制作 – 图解 Ⅳ . ① TS935.5–64

中国版本图书馆 CIP 数据核字 (2013) 第 123505 号

湖北省版权局著作权合同登记　图字：17–2013–075号

终极结绳技巧全图解

作　　者：（澳）内维尔·奥利菲　（澳）玛德琳·萝莉·奥利菲

译　　者：陈显波　曹佳丽

责任编辑：张葆珺

版权支持：刘乐里

出　　版：武汉出版社

社　　址：武汉市江汉区新华路 490 号　　邮　　编：430015

电　　话：（027）85606403　85600625

http://www.whcbs.com　　　　　　　E-mail：zbs@whcbs.com

印　　刷：北京旭丰源印刷技术有限公司　　经　　销：新华书店

开　　本：889mm×1194mm 1/16

印　　张：9　　　　　　　　　　　　　字　　数：180 千字

版　　次：2013 年 9 月第 1 版　　　　　印　　次：2013 年 9 月第 1 次印刷

定　　价：39.80 元

简单结绳技巧从这里开始→

简介

自从有人类历史记载以来，人们就用动物的毛皮、肠子以及植物纤维、植物等材料来制作绳索。最初，人们利用绳索来搭建屋舍、编织饰物、捕鱼或者捆绑野兽。在大多数情况下，本书所列举的范例都仅是一种打结的方式。通过实践，你可以自行研究出一些其他的打结方式，也可以从其他绳结爱好者那里学到一些新方法。在本书所提供的打结范例操作中，打结步骤的顺序皆是从左至右，翻折和旋转都是以顺时针或远离你的方向进行。

如何使用本书

这是一本关于打结的实用大全，全书根据绳结类别分成不同章节。其中的一部分你可能仅是想作为捆扎、装饰之用。操作打法相类似的绳结将按照由易至难的顺序进行编排，并统一收入同一个章节里。为了帮助你甄别什么样的绳结更适合何种场合，每一个绳结打法都附有详细的应用说明，并标明了它在解开时的难易程度。

图例说明

所示图标注明了每个绳结所建议适用的场合。有的绳结用途非常宽泛，而其他一些绳结则只能适用于某些特定场合。

 通用   垂钓

 宿营   航海

 登山   野外活动

难度标志

星星图案上的数字显示的是完成示例绳结的难易或复杂程度。

容易   适中   困难

定向箭头

在实图照片所示范的绳结打法分解步骤图中，附有标示线绳运动轨迹的箭头和注释文本，有助于读者加深打结技巧的理解和掌握。

绕转

将一根绳搭在一根木棍上，呈 U 型，绳的两端下垂，这样的动作就叫做绕转。

缠绕

将绳搭在木棍上，然后拿起一端绳头绕木棍一圈，如此多次绕转即是缠绕。

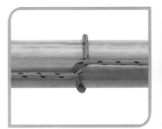

半扣结

绕转在木棍上的绳体相交时，使绳的一端下垂，或两端同时下垂，彼此相绕形成的结就叫做半扣结。

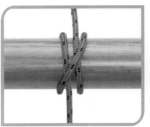

双半结

两个连续的半扣结彼此相连，这样的结就叫做双半结。

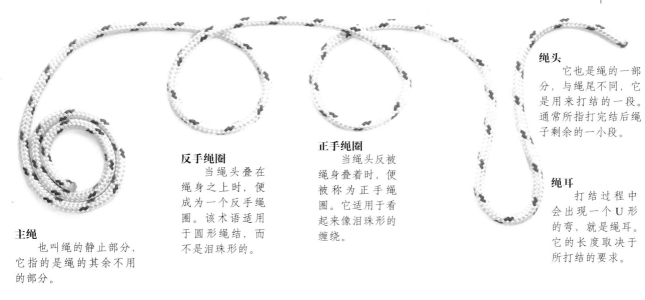

绳头

它也是绳的一部分，与绳尾不同，它是用来打结的一段。通常所指打完结后绳子剩余的一小段。

正手绳圈

当绳头反被绳身叠着时，便被称为正手绳圈。它适用于看起来像泪珠形的缠绕。

反手绳圈

当绳头叠在绳身之上时，便成为一个反手绳圈。该术语适用于圆形绳结，而不是泪珠形的。

绳耳

打结过程中会出现一个 U 形的弯，就是绳耳。它的长度取决于所打结的要求。

主绳

也叫绳的静止部分，它指的是绳的其余不用的部分。

旋绞绳   **辫绳**

绳的基本常识

旋绞绳通常由三股且右旋或者左旋的绳索构成。而大多数的辫绳结构通常包括绳心和外层两个部分。它的外层一般是由16个甚至更多的编织元素构成，而构成绳索中最结实部分的绳心则由约8股松散的辫形材料编织而成。

Z形绞绳

如果绞绳的绳股是向右方向搓成的，这种沿着字母 Z 的笔画进行编织的绳子就是 Z 形绞绳。它是绞绳中最为常见的一种。

S形绞绳

如果绞绳的绳股是向左方向搓成的，这种沿着字母 S 的中心编织的绳子就是 S 形绞绳。它不常见，通常为某些特殊用途绞绳。

绳索的种类

自从天然纤维的时代伊始，绳索就不断发生着众多重大的改变。由于以合成材料编织的绳索既结实、耐腐蚀，又不易收缩，这让棉花、亚麻、黄麻、剑麻、椰纤维、大麻以及马尼拉麻等原料统统让位给人工合成材料。时下，聚酯是捻绳和辫绳中所最常见的成分，它经常和其他纤维融合在一起，编织出特别强韧且低伸展度的绳索。其他的合成材料还包括聚丙烯和聚乙烯，这是两种在编织绞绳时所经常采用的合成材料。

绳索保养

• **保持绳索清洁**：经常清洗绳索，洗去上面的盐和磨损产生的碎屑。
• **避免磨损**：不要在沙滩或是岩石上，抑或是锋利的棱角上及边缘处拖拽绳索。
• 暴露在紫外线下，会让绳索受损，因而要将其存放在避免阳光直射的暗处。
• 谨记天然纤维的绳索会被腐蚀，所以不要将这种绳索放置在阴暗或潮湿的地方。
• 可通过打绳头结、打结或热封绳头的方式防止绳索磨损。

	强力程度	拉伸性	防紫外线分化能力	能否在水中使用	打结效果
椰壳纤维	比较低	相当大	强	可以 / 不可以	好
大麻	低	相当大	强	不可以	好
剑麻	低	相当大	强	不可以	稍好
马尼拉麻	低	适中	很强	不可以	难打
尼龙	高	相当大	弱	不可以	好
聚酯	稍高	适中	很强	不可以	好
聚酯辫绳	高	低～适中	很强	不可以	很好
聚丙烯多纤丝	适中	适中	弱	可以	很好
聚丙烯受损薄膜	适中	适中	强	可以	难打
聚乙烯（银绳）	适中	适中	强	可以	稍好
高性能聚乙烯	很高	几乎为零	强～低	不可以	专业难度

剑麻，通用绳，S 捻，6 毫米

剑麻，油浸绳，Z 捻，9 毫米

尼龙单纤维钓鱼线

尼龙多纤维鱼线

尼龙瓦匠绳

托马斯绳

聚酯辫式软百叶窗绳

聚乙烯辫式百叶窗绳

减震索，中等伸展性，6 毫米

减震索，低伸展性，9 毫米

银绳（聚乙烯），通用绳，绞绳，6 毫米

银绳（聚乙烯），航海级用绳，绞绳，12 毫米

聚酯（涤纶），绞绳，6 毫米

尼龙，绞绳，12 毫米

聚乙烯多纤维，辫绳，10 毫米

聚酯，预拉伸，辫式，4 毫米

聚酯，无光泽，辫式，6 毫米

聚酯，辫绳，10 毫米

光谱（光谱心 & 聚酯外层），辫式，6 毫米

高性能聚乙烯，12 辫，6 毫米

结绳工具

在我们处理绳索时，人们最常想起的工具无疑就是锋利的刀具。然而，人们有时也只是将刀看做是危急时刻才动用的东西——一把上好的侧切刀无疑是件比较实用的工具，只要一划，就能把绳子或线缕割断。对于比较粗的绳子来说，最好的工具是锋利的刀，而对于特种纤维绳来说，它需要的是特殊的刀（具有部分锯齿的刀刃），它可以在船舶物资商店买到。此外，其他有用的工具包括：空心或瑞典硬木钉；木制硬木钉；穿索针；工程师或鞋匠所用的小型细木工锤；锥子或长钉；上蜡的聚酯扎束麻线；电工的聚氯乙烯可伸展胶带；打火机或封口用热封刀。

海员级带锯齿的刀：可以用来切割人工合成绳索。

侧切刀：切割英寸8毫米粗细的绳索。

打火机：切割之后将合成绳索热封在一起。

热封刀：在切割绳索的同时完成热封。

上蜡聚酯扎束麻线：捆扎绳头结。

锤子：压平结合处以及装饰性工作。

锥子或长钉：打开紧结状态的细绳，以及解开细线结成的复杂绳结。

瑞典或空心硬木钉：打开绳索的捻股，以便能串引绳股。

木制硬木钉：打开较粗绳索的捻股。

穿索针：用来解开紧锁的绳结，也用于装饰性绳结的制作。

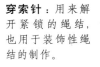

电工胶带：在切割或拼接前进行粘合。

切割&密封

在使用除了热封刀以外的工具切割绳子之前，要使用绳结或胶带来阻止捻股或辫股的磨损。先在需要切割的地方任意一侧打个结。如果用刀，要看看刀是否锋利。相应地，如果要切割粗绳，就要粘住绳索切口的两边或者由黏合住绳子的胶带中间切断。

1 在绳索切割处的两端各打一个紧结（见24～25页）。

1 在绳索需要切割的位置，用电工胶带紧紧缠绕三个来回。

1 将绳头置于打火机火苗的上方，而不是火苗中。用蘸水的手指小心轻触绳的末端，或者用浸湿的海绵将其边缘清理一下。

2 使用侧切刀剪断，或者把绳子置于木板上，再用锋利的刀切割。

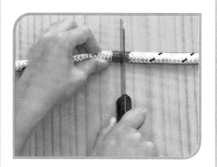

2 使用侧切刀剪断，或将绳置于木板上，以锋利的刀切割。按紧并由胶带的中间位置切断。

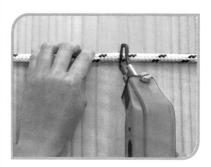

2 相应地，如果能用热封刀的话，可以对着一块木板切割绳索，它可在四五秒的时间内将粗绳切断。

绳头结

　　在绳的末端或单股的绳捻末端打个绳头结，这是整理绳子末端的传统方式，目的是为了防止其变松或散开。此外，在压力散去或者绳子晃动的时候，有些绳结就会出现松动。如果通过打绳头结牢牢锁定固定位置，就能防止该结散开。所以对于绳子末端的绳头结来说，通常最好的选择是从绳的末端附近开打，朝着绳尾方向直到它的固定位置。本书推荐绳头结的长度约为该绳直径的1.5倍，但是从用途和美观的角度来看，这一长度可能还会有所不同。

常见绳头结

　　这是最快也是最牢固的绳头结打法。在细绳的两端上牢牢捆扎出下面的缠绕物。它需要两种长度的细绳：其中较长一根用来打绳头结，长约0.9米，较短的一根对折成绳弯，用来向外拖拽、带出。

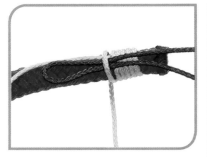

2 黄线只缠一半。将蓝色拉线贴附在红绳上，留出蓝线绳弯，将蓝线其余部分用黄线与红绳绑在一起。

4 压紧绑好的黄线，用力拉蓝线以将绳弯中打绳头结部分的黄线由绑缚下拖拽出。

1 将黄线在红绳的末端缠绕并系紧。

3 继续绑紧。绑完后，将绳头从蓝线的绳弯中穿过去。

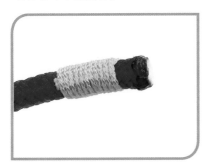

5 将绳头结绑线末端剪去3毫米，并用打火机在该处进行热封。

法式绳头结

法式绳头结就是紧紧系在一起的连续的半扣结。该结有着明显的螺旋纹路。这种细绳结一般被覆盖在手柄上，以加强抓握力。

1 将图中黄线绕在红绳上打一个反手结（见13页），这样绳头就能朝着你目标绑定方式的方向缠绕。

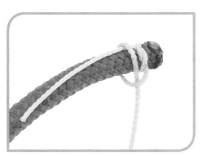

2 打一个半结（活结，见第2页），将黄线的末端绑定在红绳上。将半结系紧，紧挨着反手结。继续打半结。打完五个半结后，对黄线末端进行整理。

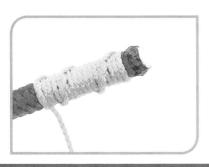

3 就像多重反手结（见13页）一样，在编最后两个半结时，每个半结再额外多缠一圈。最后在捆绑处对该绳头结进行修剪整理，剪掉3毫米，并用打火机进行热封。

西部绳头结打法

西部绳头结的打法即是每打一个结，就缠绕一下。这样打完之后，即便绳头结某个点发生磨损，整个绳头结也不会散开。

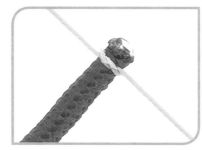

1 取一根长0.9毫米的线打绳头结。将细线缠绕在红绳上，并在该线的中间位置打一个反手结（见第13页）。其余各反手结打法同第一个反手结——绳结的两端要么都在左上，要么都在右上。

2 将红绳翻过来，在第一个绳头结的背面打个单结。如此这般一反一正的打绳头结，但不能重叠。

3 正如多重反手结一样，正反两面再额外缠绕一下打结即告完成（见13页）。将线的末端剪掉3毫米，然后用打火机热封。

盘绳

存放或携带一定长度绳子最简单的方法就是将绳子盘起来。然而，仅仅使用反手绕就会形成一个捻：如果你是右手缠绕的话，就会形成一个顺时捻，如果用左手缠绕的话，就会形成一个逆时捻。下图所示采用的是右手进行绕圈盘绳，而左手则握住绳圈。

1 根据绳子的粗细程度和长度，选择合适的反手缠绕的绳盘大小。在缠绕时要保证：绳的短端要垂在绳圈的下方，这样它就不会滑落到绳盘里面和其他部分绞在一起，同时也不会使绳盘乱作一团。

2 用拇指和食指拿起绳盘的垂悬部分。当向上拉起垂悬部分时，要采用顺时盘绳。正手盘绳要紧挨着左手前一次盘绳的放置位置盘转。

3 盘绳时正手、反手交替上下盘转。如果盘绳时出现扭劲，盘完后就不容易抖开，那就连续一两次不按序进行的正手或反手缠绕，使它能暂时将扭劲顺转过来。

缠绳圈

这种缠绕绳圈的技巧特别适合绳子的长期存放或搬运。与其他盘绳方法相比，它需要更长的缠绕时间，但是它最大的优点就是不会与其他绳子或线绞在一起。

1 在绳盘的顶部打个平结（见18～19页），每个绳头的长度是绳圈周长的 2 倍。

2 将右侧绳头绕绳圈向上缠绕——左侧绳头向下缠绕——一直缠到绳圈的底部。

3 当两个绳头相交时，再打个平结，使得这两个平结彼此相对，一上一下。

捆绑绳圈

这是一种十分快捷且易于解开的绳盘缠绕方法，捆成的绳圈能够被抛到拖车上，贮存在箱柜里，或者能利用绳尾将其挂起来。它可以被用来堆垛三角帆索或其他航海用绳，当绳头或主绳被固定住以后，还可以使该绳未被使用的部分得以妥善保管。

1 留出一个绳头，长度约为绳圈周长的 1.5 倍。拉长绳圈，将所留绳头绕绳圈上端 1/3 处向上捆绑。

2 整齐地缠绕四圈且互不重叠。用绳头做个绳弯，并将其从上半个绳圈中穿出，使该绳弯位于绳圈的上方。继续拉绳头。

3 打个卷结（见 68 页）或松反手结（见 14 页），如此该绳圈就能挂在桩子上，或者将绳头系在木棍上。需解开盘时，将绳弯从绳圈上方拉回，从绳圈中穿过来即可。

双滑绳圈

双滑绳圈法可以非常快速地取用绳盘。它的打结方式与强盗结（见76～77页）相类似。如果该绳盘不需要挂起来，也不用放置在桩子上，那么只要在第二步结束时拽紧该松的反手结即可，而不需继续第三步。

1 留出一段绳尾，其长度为该绳盘周长的 1.5 倍，在其距离绳盘顶部两手宽的中间位置做一个绳弯。

2 将绳弯从绳盘中穿过并环绕住绳盘上方，系一个松的反手结（见 14 页）。用一只手同时握住绳盘和反手结。

3 在绳的末端再做一个绳弯，将其引入绳盘，向上拉，再压住，然后在第一个绳弯的右侧系紧。可用第一个绳弯将该绳盘挂起。需解开绳盘时，从悬挂处取下绳盘，拉一下绳尾即可。

防松绳结

本节内容所展示的各种简单的防松绳结，可以通过捆绑成形防止绳索、线或者丝带由漏洞或者狭窄的缺口中滑脱出来。这些绳结还有助于防止绳末端受到磨损。其中反手结是最简单的打结方式，也是打其他绳结的基础。如果需要一个庞大的防松绳结，可以尝试着打多重反手结。而作为三个最易解开的绳结之一，8字结则多用于航海。

反手结

- 多重反手结
- 松的反手结

　　反手结是最简单的打结方式，同时也是打其他结的基础。就其本身而言，反手结可以作为防松绳结使用，但是如果打得太紧，就不好解开。多重反手结相对更容易发生松动。松的反手结则用不了多长时间就能解开，但是由于松结经晃动之后会变得松动，所以你必须谨慎如何使用它。

将绳头由后向前从绕成的绳圈当中穿过。然后拉紧绳的两端，把结打得紧一点。

左手握住主绳，右手握住绳头，进行反手缠绕。

多重反手结

将绳头绕着绳圈多缠绕几次。

从反手结的第一步开打，在拉紧之前，将绳头沿着绳圈再缠绕一次、两次或三次。

防松绳结

如果你想解开一个多重反手结，试着扭曲它，就能让它松动。

4 你在绳结完成时缠绕的次数越多，那么在整理拧紧的绳结时就越费事。

6 曲折的绳弯不是目的本身，而是要将它从盘绕的中心位置穿过。

松的反手结

5 如打反手结（见13页）步骤1那样，打一个反手结，但右手要留有足够长的绳头，用它做个充裕的绳弯。

要想快点解开绳结，就拉紧绳头。

7 拉紧主绳和绳弯，以便让该结打得更紧一点。要解开这个结，拉紧绳头，绳结就轻易地散开了。

8字结

　　这种绳结的名字得益于它的外观与数字8很像，这种结的打法与打反手结（见13页）一样简单。它可以非常便捷地在绳子的末端结成。当8字结被拉紧并产生变形后，它也比其他反手结更容易解开。在涉及滑轮、滑车以及滑车组的任何实际应用中，使用8字结是防止绳索由滑轮中脱落的最好办法。

左手拿起主绳，右手拿起绳头，做个反手缠绕。将绳头折绕到主绳之后并拉至前面，呈8字形。

按照8字形牵引着绳头从反手结中穿过。

　　笔直的绳头穿过绳圈，由前至后，然后拉紧两端。如果拉得太紧，就不容易解开，略微弯曲的绳结更易于解开。

捆绑

捆 绑绳结是借用一根绳子将捆绑对象缠绕、捆扎，例如卷好的绳盘和麻袋口，目的就是将其收拢在一起或者将开口封上。捆绑与捆扎加固的功能类似，但是捆绑只是暂时性的，可以用来捆绑柔软易折的东西，只需要环绕着缠一两下即可，而不需反复缠绕。捆绑不能用来连接两条绳索，也不能作为承重绳打结、绑缚重物。

捆绑

外科结：捆绑

　　顾名思义，这种绳结因源自于手术台上而得名。这种结仅适合捆绑，尤其适用于缝合材料和细绳捆绑。直到第二部分系好后，该结的第一部分才能将所绑物体拉紧。这种绑法是外科绑结（见54页）的一个衍生结，并且在打结的第二阶段需要再额外缠绕一次。如果使用细绳捆绑的话，这个结就很难解开，必要时需要用刀割断。

2 刚才是以左绳头进行编织的，现在以右端绳头为主，重复步骤 1 的操作。将现在的右端绳头压在左端绳头上，再缠绕两次。

1 将细线缠绕在所绑物体上，然后用绳的左端压住右端进行缠绕——就像打平结（见 18~19 页）第一部分操作方法一样，缠绕两次，再拉紧。

在某些实际操作中，这两个半结还需要再缠一次。

3 拉紧，以使这两个半结平整相连。如果线过细或者有点滑的话，直到完成第二个阶段，这个结才能打牢靠。

缩帆结

•织布结

　　这种缩帆结容易打，也容易解开，在绑系成束和捆包裹类的东西时，这种绳结非常实用。该结的名字可能是来源于糟糕天气条件下，为了减少帆的使用（向下收帆）利用缩帆索将多余的帆布缠绕、捆扎起来。这种绳结一定要正对着所绑物体系紧。缩帆结时常被错打成织布结，在此展示即是为了让你辨清这种绳结。该结在使用时并不太可靠，也不好解开。但在这两个结中，缩帆结更好一点。

1 左右手分别握住绳的左右端，然后将左端绳头压在右端绳头上。

2 将左端绳头绕过右端绳头，并从后绕至前侧。这时，原来处于左右端的绳头对调了位置。

捆绑

刚才左在右上，现在则右在左上。

3 重复步骤2，只是不要将新的右端压在左端之上。打此结的规则是绳结的第一部分是以左绳头为主，第二部分是以右绳头为主。

4 拉紧左右两端的绳头，结就打完了。

织布结

5 对于织布结来说，打法的前两个步骤与缩帆结相同。然后在第三步有所不同，它是再次将左绳头压在右绳头上。

6 用力拉紧。如果绳索的表面光滑或平坦的话，织布结就可能趋向于松脱，尤其是在正对着平面却没有拉紧的时候。

终极结绳技巧全图解

系木结

　　系木结，也就是人们熟知的秋千结和奥克拉玛结，多用来捆绑尺寸不一和剖面不等的细长物体。如果想快速地将什么东西捆起来的话，将两个绳头穿过各自的绳弯，就像吊索具一样，这有助于在获得牢靠的捆绑结之前，紧紧收拢、捆绑起来，类似于缩帆结（见18～19页）。如果所捆物体的形状在收紧过程中发生了改变，可以根据情况调整后再打结。一对系木结可以把用胶粘在一起的东西固定在一起，直到变干。而作为板材吊绳，它可以快捷、简单地提供一处存放物品的临时货架。

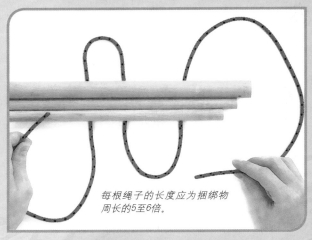

每根绳子的长度应为捆绑物周长的5至6倍。

1 要想将一束东西绑定在一起，你需要两根单位长度的绳子——它们将在木杆的两端各打一个系木结。将该绳放在地上，呈Z形，将这组木杆的一边放在绳子上。

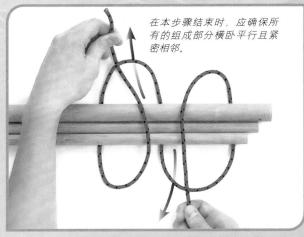

在本步骤结束时，应确保所有的组成部分横卧平行且紧密相邻。

2 至此，这组木棍的上下都各有一个绳弯。将两个绳头横跨过木杆扎束的上方，分别从相对的绳弯中穿过。拉紧绳头并系好。

捆绑

打平结时要注意：两端绳头先是左上右下，然后再右上左下。

3 以一个捆绑结绑扎、固定，例如打个平结（见 18~19 页）。再将捆绳拉紧，让左绳头压在右绳头之上。

板材吊绳

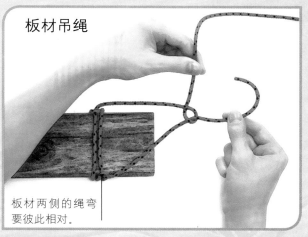

板材两侧的绳弯要彼此相对。

5 如果要悬停一块板材的话，在板材的边缘做个绳弯，将绳子的所有部分平躺在板材上。可以在两端各附加上一个称人结（见 32~33 页）

4 再将右绳头压在左绳头之上，拉紧。然后在木杆束的另一端重复步骤 1-4。如果不在这组木杆束的两端进行捆绑固定，那么它们就很容易散开。

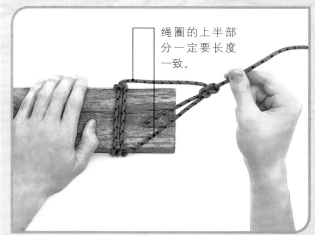

绳圈的上半部分一定要长度一致。

6 要确保绳圈的上半部分长度一致，这样处于中间位置的称人结和板材在悬空时才能保持在水平位置。

袋口结

•滑袋口结

　　袋口结适合将布袋口用绳子绑好，该结打法与收缩结（见24～25页）类似，因此在学习打它们时务必仔细——很容易就把这两个结弄混了。袋口结要靠绳子与布袋彼此之间的摩擦力才能打得结实些，因此，使用有点滑溜的绳子就打不好这个结。对于小点的袋子和细线来说，采用滑袋口结可以节省解开既小且紧的绳结的时间，也能防止剔除工具在去除绳结时给袋子造成的损坏。

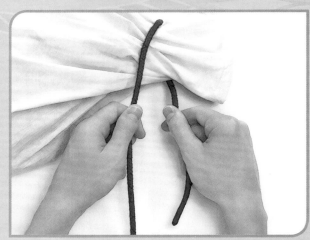

1 将口袋的颈部收紧，用绳子在其上缠绕一周，将绳头端置于主绳的右侧。

2 将绳头拉向左上方，穿过并压在主绳上。

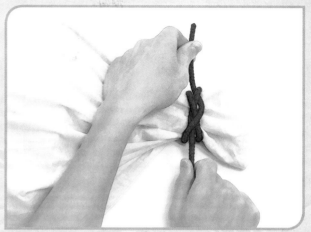

4 将绳头斜穿过绳结，在缠绕袋口的第一个绳圈下将其折叠起来塞进绳圈，顺序是从右至左，拉紧。

3 将绳头沿着袋口绕过后侧，置于主绳的左面。

滑袋口结

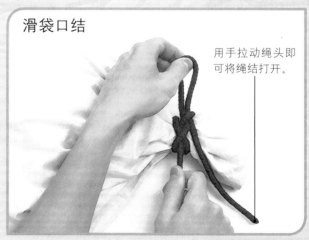

用手拉动绳头即可将绳结打开。

5 对于该结衍生出来的滑袋口结，要用绳头做个绳弯，在做第4步之前就将其塞入绳结下，拉紧。要解开这个结，只需要轻轻一拉绳头即可。

终极结绳技巧全图解

收缩结

•滑收缩结

　　该结对于捆绑成束的东西是非常实用的。它与袋口结（见22～23页）打法类似，但它依赖的是绳索本身各部分之间的摩擦，而不是绳子与所绑物体表面之间的摩擦。收缩结通常可以代替卷结（见68页）：收缩结绑得更结实，但却不易解开。如果能使用彩色线系的话，那么这个复杂的结就有了一个显著的标记。

1 打结的顺序是从左至右，将绳头缠绕在那束东西上，形成一个绳弯。

2 将绳头斜对着压在主绳的左端上，然后围着这束东西再缠一圈。

若要切割收缩结，用刀沿着绳圈上部进行切割。绳圈下部可以防止所要绑的东西被划破。

同时松松该结的两个部分，然后再两端拉紧。

4 将绳头拉至第一个绳圈的顶部，并从里面穿过。这时的绳头应该位于中间位置，也就是两个绳圈之间。

3 继续从左至右，将绳头斜穿过对角线之下，此时已经打了一个松的卷结。

滑收缩结

用力拉绳头就能快速解开该结。

5 对于滑收缩结，其步骤1-3与收缩结相同。仅是在绳头处打个绳弯，然后用绳弯完成步骤4。

瓶口结

　　瓶口结，也被称为罐吊结，它的打法比其他绳结稍显复杂。该结会提供一个能将瓶子或类似的东西提起来的提拉把柄，同时，它还留有足够大的法兰连接或绳肩，可以防止绳结出现松动。人们可以使用瓶口结展示一些装饰性的瓶子或带嘴儿的花瓶，而且看起来很有艺术气息，还可以将打结后的酒瓶沿着船帮放入水中浸冷。因为这个绳结的手工编织程序上需要足够的视线，故需要稍大一点的空间。范例中需准备一条长1.5米的细绳。

右绳耳部分重叠压在左绳耳上，这样使得最初绳弯的中心位于这两个交叉绳耳的下方。

最初绳弯的中心位置。

1 将细绳由中间对折，产生一个绳弯，平放在桌子上。下拉绳弯，并将它压在主绳上，形成两个均等大小的耳朵形状。

将该结在桌子上平放。

3 用一只手将现有绳形固定在桌子上，然后，将绳结下方的最初绳弯从两个交叉的绳耳中间穿过。

捆绑

将最初绳弯沿着重叠的绳耳处穿过绳洞，向上拉。

4 现在将最初的绳弯向上拉，穿过重叠的绳耳，在上面形成一个新的绳弯。

6 小心拿起该结，在绳洞中间将瓶颈套入。拉紧上绳弯，两端绳头用力要均匀。

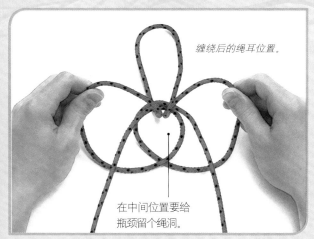

缠绕后的绳耳位置。

在中间位置要给瓶颈留个绳洞。

5 用双手将绳耳和主体部分同时翻转，使该结的顶部位于你的远端。于是绳耳的顶部在这个绳形的底部成形了。

也可以在绳弯处将绳头系紧，这样就会形成一个提拉把柄或吊绳。

7 调整绳结的松紧程度以适合瓶口大小。采用渔夫结（见 52 页）或 8 字结（见 51 页）的打法，将两个绳头系在一起，做成第二个把柄。

横木结

横木结是用来将两根木杆成直角绑系在一起。它的打法与收缩结（见24～25页）类似。但是它没有方回结（见89～90页）或十字编结（见91～92页）的牢靠紧固，它可以快速地打好，也很容易解开。这样的特点使它特别适合简单的活，只需要多打几个结就可以了。它可以通过在与第一个结成90度的地方再打第二个结，以此来加固第一个结。横木结所需绳子也比捆扎结少，它更适用于完成小的、繁琐的绑缚任务。也可以在绳结的交叉位置加一滴胶水，以让其更加牢固。

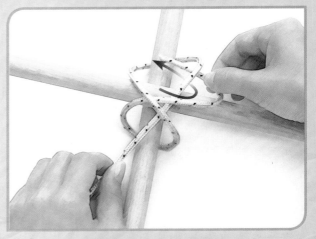

2 轻轻拉紧打成结。这与打两个半结类似。牵引绳头上绕，再由右手边第一个斜穿处的下方穿过。

水平的木棍压在垂直木棍之上。

绳头的牵引方向由左下方开始。

1 拉住绳头，将其从左下方斜穿十字木棍的交叉处，绳头绕至垂直木棍的左后侧，再次斜穿，再绕至垂直木棍的左后侧，并处于最后一个斜交叉处的下面。

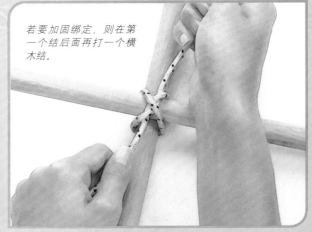

若要加固绑定，则在第一个结后面再打一个横木结。

3 将绳头和主绳按照相反的方向拉紧。如果有必要的话，可将其翻转过来，旋转90度，用另外一条细绳再打一个结。

环圈结

环圈结是在任一绳弯中的一种封闭式打法，它可以在不需要获得两端绳头的情况下，或者在绳子的末端完成。它可以打成单结、双结或多重结。固定好的绳圈结也不能改变大小尺寸。先打个环圈，然后通过拉紧再环绕在物体上。如果想再次使用该绳，选择一个扣结很容易就能解开。有时对于一系列一次性的细线和短线，当打完结后，它们也很难再解开。它们具有独立的结构，固定的环圈结可以用来充当把柄、支点、重复使用的结合点。

8字形环圈结

　　这是一个除了在绳头处有个绳弯外，打结方式与8字结（见15页）相同的固定的单绳圈。它也可以按照绳子的长度打（可以把它叫做绳弯上的8字结）并且能够一端承重，两端平行承重，或者两端以不同的方向承重。在打结前，可以把环圈所绑物体放在绳弯当中，或者打完后在圈结处再打个栓牛结。

继续按照8字形的样子穿过绳圈，或者将先前放到绳弯里的物体早早盘转，并由前至后穿过绳弯。

1　将绳绕成一个绳弯，再将绳头反手交叉在主绳上。绳弯就会变成绳圈。拉绳圈使其绕至主绳和绳头的后面。

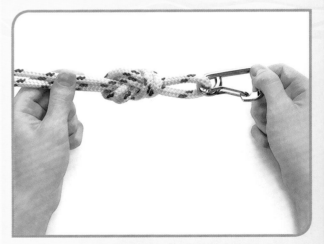

拉紧绳圈。可以适用于两端负载或在长的主绳上负载。这种绳圈非常牢靠，但也比8字结更难于解开。

外科手术环结

　　外科手术环结是一个适用于细且光滑的线、钓鱼线以及减震索打成的固定环结。事实上，它就是一个三重反手结与一个绳弯的结合。单个或双反手结版的环结打法与其完全相同，但是未必结实。它则是一个一旦承重之后，就很难解开的环结。因此该环结最好永久使用，或者这个绳圈一旦不再需要的话，相应的位置就直接剪断。而将细绳浸湿后，也更易于结紧使用。

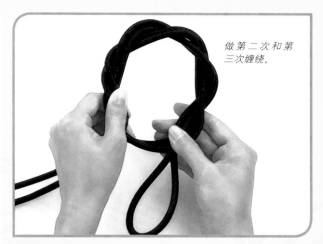

做第二次和第三次缠绕。

将绳弯再缠绕两次，结成三重反手结。对于减震索来说，后打这两个结就足够了，而如果是钓鱼线的话，三个结无疑最佳。

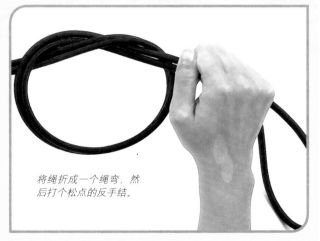

将绳折成一个绳弯，然后打个松点的反手结。

先折成一个长约两倍于你想打的结的绳弯，在绳弯处进行反手缠绕，然后打个反手结（见 13 页）。

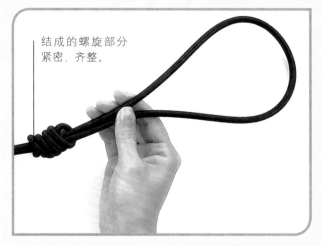

结成的螺旋部分紧密、齐整。

一手握住绳弯，另一只手拿住主绳；拉紧成结。关键在于绳结的完整性，这能使其呈现出平整的螺旋形。

称人结

- 双称人结
- 水上称人结
- 称人结：衍生称人结

　　称人结是一个固定的绳圈，它是一种实用性非常强的绳结，这在船上或港口体现得尤为明显。双称人结适用于比较光滑的绳子，而在绳子潮湿的情况下，水上称人结则容易产生纠结。要想将两种不同种类、不同直径的绳子连接起来，则需要在其连接处各打一个称人结。

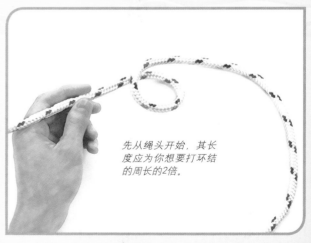

先从绳头开始，其长度应为你想要打环结的周长的2倍。

　　先做一个小的反手缠绕，然后将绳头从刚刚编成的绳圈下穿过。最终环结的尺寸大小，取决于绳头从绳圈穿过的长度。

要确保正确地牵引绳头由绳圈中穿过。

确定环结的大小之后，将绳头从主绳后面穿过，由上至前，然后引导其从绳圈中穿回，与之前的部分平行。

双称人结

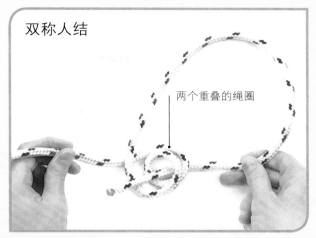

两个重叠的绳圈

要打双称人结，那么要在步骤1用两个重叠的绳圈取代单个的绳圈，然后将绳头由下至上穿过这两个绳圈。

用一只手握住绳头和与它平行的那部分，另一只手握住主绳，然后收绳拉紧。如果这个绳结松开了，那么即是步骤1里绳头的穿过方式不对。

接下来的打法同步骤2，仍将绳头绕过主绳后，然后再从两个绳圈穿回来，与第一次穿越平行。

终
极
结
绳
技
巧
全
图
解

6 像步骤3那样拉紧，将绳结中的松弛部分拉直。如果环结过大，那就在并行部分将其进行平整，并通过拉紧绳头的办法去掉松弛部分。

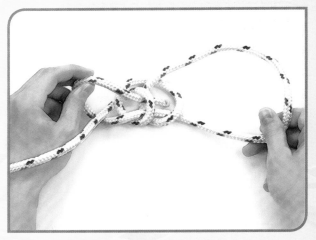

8 继续牵引着绳头由主绳后侧绕过，先从上到前，然后折回并穿过每个绳圈，其形状与步骤2相同。

水上称人结

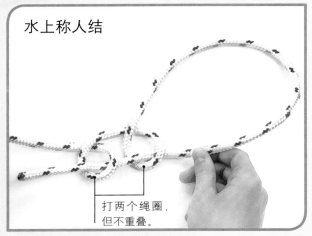

打两个绳圈，但不重叠。

7 要打水上称人结，从步骤1开始，但要打两个不同的反手绳圈，并且互不重叠。然后拉着绳头由下至上依次穿过打好的两个绳圈。

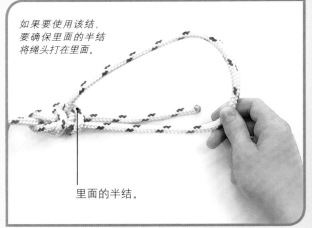

如果要使用该结，要确保里面的半结将绳头打在里面。

里面的半结。

9 像步骤3那样拉紧。将里面半结的松弛部分拉长，形成一个环结。如果需要的话，也可以按照步骤6的操作方式对该环结进行调节。

衍生称人结

使用这个方法打个称人结，直接将其缠绕在某个物体上。

打个反手结，绳头要从上穿过主绳，然后再从下穿过主绳。绳头一定要够长，这样才能留出一个结实的把柄。

在主绳后，从左向右牵拉绳头，从前到后穿过绳环，然后再压到主绳上并由其自身下方穿回。

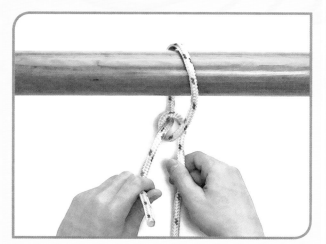

将该结翻到木棍下面，向下拉紧绳头直到它变直。使得主绳围绕它形成一个绳圈，就像步骤 2 一样。

将绳头向上拉，使得其弯向绳圈的底端，并进入到绳圈里面。向后、向右拉紧，并使得其位于绳环里面。

绳弯称人结

　　这是一个固定的双绳环结，可以在绳弯内打，或者在绳的末端折个绳弯再打。这两个平行绳环的功能与两个单独的绳环相同，或者近似于一个用粗绳打的结实绳环，所需绑定的物体可以放在主绳的一侧或两侧。酒吧和酿酒工人曾用此结将酒桶从卡车上吊起、卸下来并放置到酒窖里。就像西班牙称人结（见46～47页）一样，该结常用来提拉不规则的物体。

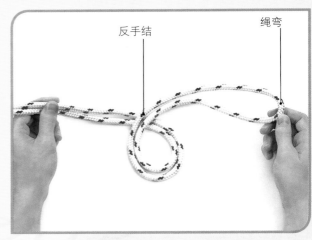

反手结　　　　　　　　　　　　　绳弯

将绳对折成一个绳弯，其长为你想打结的周长的2倍。绳弯本身就是绳头。然后再做一个小的反手缠绕。

要确保绳头以正确的方式由绳环中穿过。

将绳弯从绳圈中穿过，顺序是从后到前。而没有穿过绳圈的那部分就成了绳环。

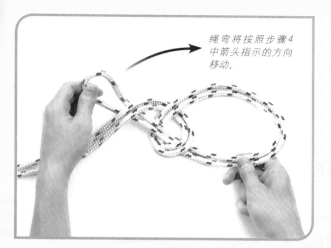

绳弯将按照步骤4中箭头指示的方向移动。

打法与称人结（见 32~33 页）相同，提起绳弯从主绳下面向上拉起。

拉紧主绳的同时，也拉紧绳环的下端或绳弯。这时可能需要把绳弯加长，使其超过绳环里的那部分绳弯。

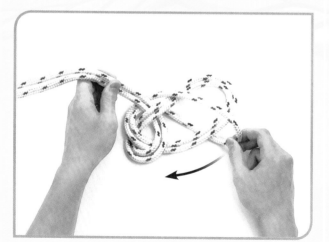

将绳弯口撑开，然后将所打完的绳结放入绳弯口中，这样绳弯就能控制两个主绳的末端。

这两个绳环可以单独使用，也可以作为一个使用。如果这个结打得有点松，并需要调整的话，可以让一个绳环大于或小于另外一个。

钓鱼结

　　钓鱼结是一个固定的单环结，它通常被绑缚在绳的末端。若要在钓鱼线上或减震索上放东西的话，使用这个结就可以系得更结实，而且还不易开。在使用之前，有一点很重要，就是要把绳结向上拉紧。如果用的是细线，如钓鱼线或减震索打这个结的话，那么它是很难或不可能解开的。如果这个环结没有用了，就在该绳可以切断的地方将其剪断。夹子、强力挂钩或其他东西都可以放在绳弯里系好，如在步骤1里实施的那样，或者然后再打个栓牛结。

步骤2中的旋转方向。

先从绳头开始，其长度应为你想打的结的 2 倍。

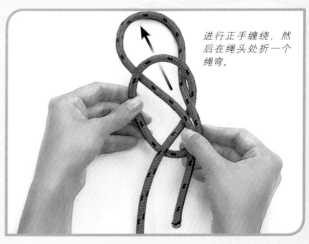

进行正手缠绕，然后在绳头处折一个绳弯。

从右向左旋转该绳弯，然后再从前到后将其从绳洞中穿过。此时绳弯滑出的部分就变成了绳环。

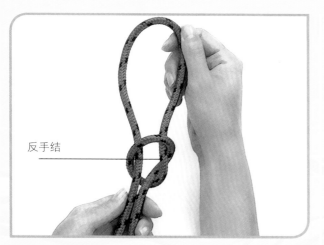

反手结

如果绳头过长，就把多余的部分塞进绳环中。将其从反手结中穿过，与主绳的末端并在一起。

按照步骤4中所示，从右向左将绳头从绳环两边的绳股下穿过。

将大拇指放到图中所示位置，演示步骤5中绳头穿过的过程。

牵引绳头从后面绕过主绳，并靠近反手结的底端。

如果使用减震索的话，就要用手指在打结的各个阶段将其打得松一点，然后再逐渐收紧。减震索有一定的伸缩性，而不是滑穿过绳结。

拉紧绳环、主绳、绳头，将结收紧。尤其是在用具有伸缩性的减震索打结的时候，更要用力拉紧绳环和主绳以完成打结。

工程蝴蝶结

　　工程蝴蝶结或环结，即是人们所常说的中间结，它是一个容易解开的固定的单绳环结。钓鱼线、细线、细绳都适合打成结实的中间结，但如果用粗绳打这个结的话就不太合适。人们可以把物体放在绳的任意一端，或者在绳圈上，因此若要用起重钢丝绳的话，它既能为承重打个绳圈，又能当做地面控制绳用。如果与一个没有负重的绳圈的松动部分打在一起的话，中间结还可以延长一条损坏的绳子的寿命。

将左端主绳按图以斜对角线的方式压在打好的缠绕上。

　　朝着远离你的方向由左至右盘绕一圈，并在左手上额外再盘一圈，将左端主绳压在第一次缠绕的绳股上，用大拇指将其拉紧。

拉长该绳圈，
以做个略长的
绳弯。

提起左边绳圈的下端，左端主绳可以绕在手上，扩展绳弯，至少要达到绳圈的 3 倍大。

用左手大拇指将两端主绳稳稳压在一起，右手握住绳环，拉紧。

将绳弯由手上所有绳圈的下面塞入。

向右牵引新扩展而成的绳弯，并从右向左塞入。在手上缠绕的绳圈下做一个绳环。

在绳环的底端，将该结进行整理，使其看起来外形平整。

现在，这两个主绳端可以履行连接绳的功能了。你也可以将绳结外层缠绕向里拉，并可以拉紧绳环来整理绳结。

血液循环滴管结

　　血液循环滴管结是一个固定的环结，例如减震索或钓鱼线这类比较光滑的线绳，更适合打这样的结。该结打完后的形状类似血滴，就像吊桶结家族的一员，当然也包括吊桶结（见53页）。该环结特别适合系鱼饵绳（把带有鱼钩或铅垂的鱼饵线独立起来，而这也正是它的名字的来源）使其变成一条单线。将细线浸湿后，可更有助于收紧绳结。如果要编一系列的鱼饵绳环结，就要先从绳头处起就开始留出较大的余地。

在需要的地方进行反手缠绕，并用拇指和食指固定住。绳环的大小取决于步骤 2 中需缠绕的次数。

打多重的反手结，按图中箭头所示可以进行 4 次、6 次或 8 次缠绕。所用线越细、越光滑，所需缠绕的次数就越多，这样才能打得结实一些。

有一点需要指出，左边的缠绕绳圈将会少半个圈，而右边则多了一个。

拿起第一个缠绕圈的底端中心点，向上牵引使其穿过绳洞形成一个环。要检查一下，看看绳洞是否正好处在缠绕的中心位置。

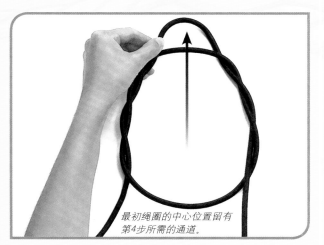

最初绳圈的中心位置留有第4步所需的通道。

找到绳圈的中心点，并将这部分轻轻向上拉起，形成一个绳洞。让这个洞一直处于开放状态。

可以有三种方式来收紧环结：一个是拉紧绳环的顶端，另外两种就是拉紧绳子的两个部分。如果必要的话，可将缠绕的绳圈平整地滑到绳环里。

轴结

　　这个结是一个活结，它可以缠绕在标杆、圆材或者鼓形物上，并且可以通过拉紧主绳将其收紧。在这几种轴结当中，它是一种可以用来把钓鱼线系在绕线轮或者轴上的绳结。这个活结比较特别的地方在于它不用解就能散开：一旦绳环中的物体被移走，只需要轻轻一拉主绳，绳环就会从绳结中穿回散开。如果不想手指或四肢被绳子缠住的话，在任何场合下都不要使用活结。

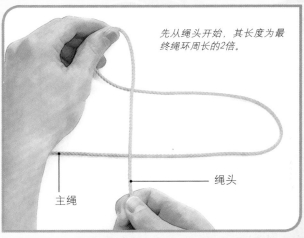

先从绳头开始，其长度为最终绳环周长的2倍。

主绳

绳头

　　这个绳弯，主绳部分作为底端绳股，而绳头位于其上面。在绳头处打个反手缠绕，然后向下牵引使其压在主绳上。

环圈结

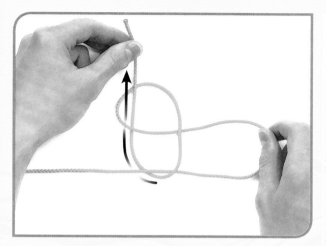

将绳头从主绳底下穿过，向上拉，使其位于绳圈的底端下面，然后再向上穿过绳圈中心。也就是缠一圈。

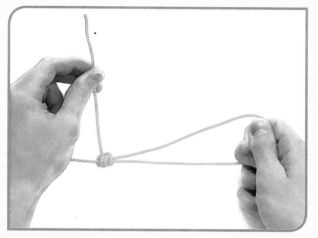

拉紧绳弯和绳头，绕着主绳进行缠绕。在拇指和食指间来回滑动以确定绳圈的大小。

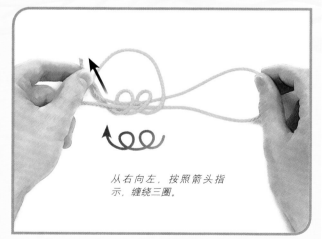

从右向左，按照箭头指示，缠绕三圈。

将绳头沿着绳圈内侧和主绳再缠绕两次。顺序是从右到左，从前向下拉，然后再从后向上拉。

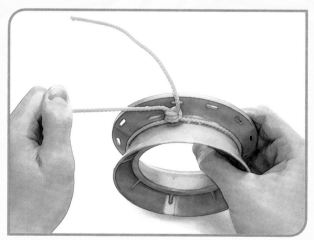

现在可以把绕线轮放到绳环里面了。拉紧主绳，并将该结沿着线轮使劲滑动。要移走滑轮，则沿着主绳将该结向后滑动。

西班牙称人结

　　西班牙称人结，就像绳弯称人结（见36～37页）一样，是一个固定的双环结，它打在绳弯处，但却是分开的环结，而不是平行的。每个环结的大小都是可以单独调整的。只要绳环调整得当，就可以使用该结提拉不规则物体。如果绳环没有均匀受力的话，其中一个环的松弛，不会传导到另一个环当中。这种称人结在紧急救助中已经得到了广泛的应用。

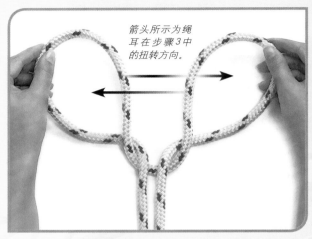

箭头所示为绳耳在步骤3中的扭转方向。

分别扭转两个绳环，在反手交叉处额外再缠绕一次。

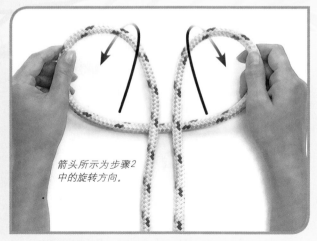

箭头所示为步骤2中的旋转方向。

1 在绳的中部折个绳弯，或者在你想在绳的什么部位做个绳弯也可以，展开绳弯，并将其翻过来，做出如图一样两个相同大小的绳环或"耳朵"。

交叉绳圈

3 两绳耳交叉，将左边的绳环穿过右边的绳环。有一点需要注意：主绳的左右两端之间形成了一个交叉绳圈，见图示。

按图所示，
握住绳子。

将现有打好的绳形平放在桌子上，将每只手的手指
从后面伸进相应的绳耳中。用左手手指，拿起该交
叉绳圈的左边。

继续用左右手分别折个绳弯。一手拉住绳环，一手
拉紧主绳，将所打的结收紧。

按图所示，
握住绳子。

每个绳耳的内侧
已被固定。

通过拉紧绳环外
侧来调整相应的
绳环大小。

将交叉绳圈的左边轻轻拉入左边的绳耳。右手重复
同样的操作：用右手拿起交叉绳圈的右边，并将其
拉入右边的绳耳内。

每个绳耳的内侧已经被绳结锁住了，但外侧可以滑动，
这样就能使得其中的一个"耳朵"比另一个大或小，
这个要根据自己的需要而定。

应急桅杆结

　　使用这个结，可以把另外一个圆材当做应急桅杆。中心孔位于绳的末端，绳子上三个可调整的绳环可以把临时的桅杆竖起来。只要有个突起物，双头螺栓，或者其他装置，防止该结松开，那么在搭帐篷或竖旗杆的时候，都可以采用这种绳结。如果放平的话，这个结是很有意思而且很耐看的，所以也可以缝在包或者衣服袖子上当装饰用。

2　将左手从下面伸到第一个圆里面，放到第二个圆的左边上，第一个圆的右边上，然后拉起第三个圆的左边。

1　从左向右做三个正手缠绕，形成三个圆。第二个圆的左边与第一个圆的右边重叠，第二个圆的右边与第三个圆的左边重叠。

3　用右手穿过三个圆，顺序是从右到左，穿过时，右手在第三个圆右边的上面、第二个圆右边的下面、第三个圆左边的上面，然后拉起第一个圆的右边。

环圈结

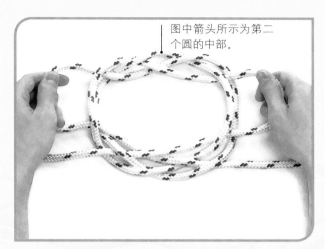

图中箭头所示为第二个圆的中部。

左右手分别向各自的方向拉起相应的圆边，距离要够大，要拉出两个松散的绳弯。而该结的余下部分应该是一个明显的圆形，中间应该是个绳洞。

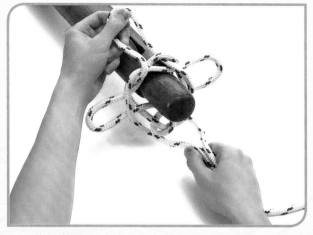

将圆材的一端放在打好的绳结的绳洞中，调整大小。拉紧主绳，这三个绳弯就变成了固定支柱的结合点了。

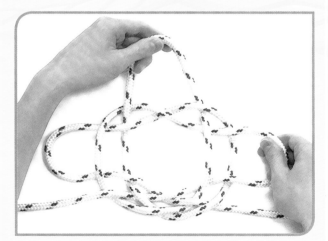

到目前为止，第二个圆依然还在该结的圆形部分中。小心将其顶端按步骤 4 中所示拉出，形成第三个绳弯。调整绳结，使得三个绳弯大小基本相同。

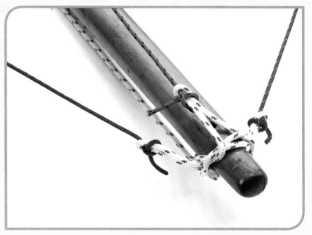

支柱（绳子或线支撑起桅杆）可以把接绳结或双接绳结（见 58~59 页）与应急桅杆结打在一起，这样会更结实。

绑结

绑结用来把两条绳子连接起来。有些结只能在绳子粗细相同的情况下，才能打得结实一些。有些绳结可以连接粗细不同的绳子，甚至在受力不均或晃动的情况下都可以把东西绑缚牢固。还有几个结适用于某些特别的材料，例如减震索。有些栓结，例如锚结（见72～73页），也可称为绑结：在以前的术语当中，"绑"的意思就是把绳子绑到某个物体上，通常是锚上，或者将两条绳子连在一起。不能把这样的栓结与绑结弄混了。

8字绑结

8字绑结，也被称为佛兰德绑结。该结适合把两段直径相同的绳子连接起来，但是使用某些绳子打这个结时，有时绳结会有些偏大。该结不适合用单纤维丝的钓鱼线和减震索来打。一旦你知道该如何打8字结，那么打结的过程就显得比较简单、易记，打出的结也会比较结实、可靠。

2 牵引第二条绳子平行穿过第一条绳子打完的结。继续穿过该结，直到第二个绳头挨着第一条绳子的主绳。

绑结

1 靠近第二条绳子的末端附近，但别靠太近，在第一条绳子上打个松一些的8字结（见15页）。然后再用第二条绳子开始打第二圈绳结。

3 确保所打绳结干净、平整。轮流拉紧两条主绳和绳头，以收紧绳结。

渔夫绑结

- 双渔夫绑结
- 吊桶结

　　这些结适合用来连接两条大小和类似的钓鱼线、减震索和绳子。渔夫绑结还被称为钓鱼结、英国结、比目鱼结以及水手结。双渔夫绑结不容易滑开，因而常被攀登者采用，而吊桶结则基本上是个钓鱼结。

2 使用第二个绳头再打个反手结，同时将第一条绳子的主绳也缠进来。第二个反手结的方向要与第一个相反。

1 将两条绳子的绳头朝着相反方向拉，并使之重叠在一起。用任意一端的一个绳头打个反手结（见 13 页），这样就能把另一条绳子也缠进来了。

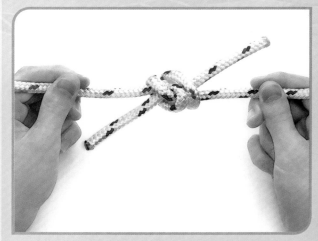

3 拉紧这两个反手结，然后拉紧主绳将这两个结收紧。

双渔夫绑结

4 要打个加强版的渔夫结，每个绳头必须绕着另一条绳子的主绳缠绕两次，打个多重反手结（见13~14页）。

两个绳头指向不同的方向。

6 重复操作，用第二根绳子缠绕第一根绳子，次数与步骤5相同，但方向相反，并将绳头带回到两条绳子之间。

吊桶结

5 先从比步骤1中更长的重叠开始，将一根绳子绕另一根缠绕四五次。返回到缠绕绳圈上方的绳头处于两绳之间。

7 拉紧主绳或把这两部分系到一起，然后再拉紧绳头将绳结定形并整理。然后，再次拉紧主绳。

外科结：绑结

外科绑结，也叫连接结，是平结（见18～19页）的一个变体。如果是用棉绳和麻线来打结的话，会打得很结实，但是不能用减震索或大小、材质明显不同的绳子来打这个结。在使用钓鱼线打结的时候，要想打得更结实一点，就要在步骤1处缠三圈，在步骤2中缠两圈。尽管用钓鱼线打结的时候，一开始会有点滑，但如果打法合理的话，还是能够打得更结实一些的。

缠绕时绳头分别从上下压在另一根绳子上。

2 现在，步骤 1 中的绳头位于绳结的右侧了。将右绳头交叠于左绳头之上，再缠绕一次，并使其从绳结的左侧穿出来。

先将左端绳头交叠在右端上。

1 将左端绳头交叠在右端绳头上，像步骤 2 中缠一圈，打个平结（见 18 页）。然后再以相同方向继续缠绕第二个圈。

3 拉紧两个主绳。绳结打完后将呈螺旋形。实际上，这个结最后就是一个平结，在第一部分再额外缠一圈就打成了。

连接绳结

连接绳结可以用来连接两条尺寸相同或略有区别的绳子。由于在打结过程中不需要太多的控制手法，这种结就非常适合连接两条大绳子。如果负重的话，这个结就会倒过来了，而且还不会乱成一团。即使是大绳子，用锤子敲几下就松开了。它可以通过平放该结或者用胶水粘上，对其加以修整。在同一条绳子的另一端再系个绑结，连接绳结也是一些装饰绳结的基础，包括刀具手柄挂绳（见114～116页）以及双中国结（见117～119页）。

2 继续引导第二条绳子的绳头，从第一个绳圈上端穿过去，压在第二条绳子的主绳上，然后再从第一个绳圈的下端穿过。

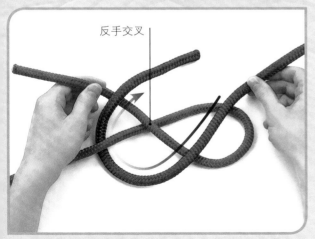

反手交叉

1 用一条绳子做个反手交叉。从与第一条绳子相反的方向引出另一条绳子，一端压在第一个绳圈的上面，另一端从主绳的下面穿过，然后再压在第一个绳头的上面。

如果把绳结收紧的话，这个结就会倒过来。

3 交替拉紧绳头和主绳以收拢绳结。当该绳结被拉紧时，这个结就会倒过来，这是正常现象。

阿什利结

　　这个结的两个绳头以及主绳都可以承重。它可以连接两条绳子，或者两个长的绳头，提供四个可用的主绳支撑。因此，就形成了一个四边承重的结，如果打得合理的话，即便是两条绳子缠绕在一起并形成两个直角，那么这两条绳子也不会受到磨损或发生移位。如果用绳子、减震索、钓鱼线以及麻绳打结，会比较结实一点。只要这些绳子直径大小差不多，该结还可以用不同材质的绳子打，例如绳子与减震绳索。

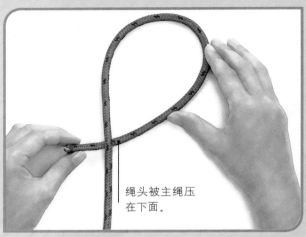

绳头被主绳压在下面。

1 要使得绳结打完后有四个主绳，先确定你想把绳结打在什么地方。拿来第一条绳子，并折成一个正手交叉缠绕。

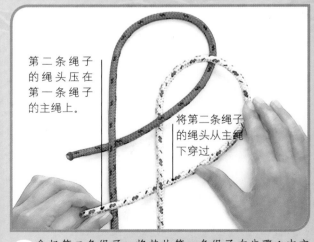

第二条绳子的绳头压在第一条绳子的主绳上。

将第二条绳子的绳头从主绳下穿过。

2 拿起第二条绳子，将其从第一条绳子在步骤1中交叉缠绕的下方穿过。形成一个正手交叉缠绕，第二条绳子的绳头压在第一条绳子的主绳上面。

终极结绳技巧全图解

同时从两个绳圈中部穿过后，两条绳子的绳头彼此挨着。

绑结

3 将两条绳子各自形成的正手交叉往一起拉。用一只手拿起两条绳子的绳头，从下面引导绳头穿过绳圈，就像打个反手结一样。

5 两只手分别拿起一条主绳并向相反的方向拉，以此来完成收紧绳结的过程。

4 用一只手握住两个绳头，另一只手握住两个主绳。两端相对拉紧并收紧绳结。

6 如果需要四个可用的绳头，那么这个绳结还需要进一步地完善，即交替拉紧，使得绳结形状统一，并且打得结实。对于减震绳索来说，这是非常重要的步骤。

接绳结

•双接绳结

　　该结的绑和松解都非常快捷、轻松，是一个非常实用的船上绳结，但由于很容易把手指缠住，因此打结时要十分小心。接绳结是由两条绳子组成的，用来连接尺寸不同的绳子。双接绳结在不承重的情况下，不容易因晃动产生松动，如果采用两条完全不同的绳子打结，那么结会打得更结实。这些接绳结都与称人结（见33～34页）有着一定的联系。该结主要用于编织和打结，以及编织修复网状物，为这些操作引入新的思路。

如果直径不同的话，左边的一定要是条粗绳。

1 当两条绳子粗细不一时，打的时候必须先固定粗绳，将粗绳的末端对折，形成一个绳弯。然后把细绳从对折绳圈的下方穿过。

2 把第二条绳子的绳头向上拉起，然后再向下穿过第一条绳子的绳弯，再拉到前面。

3 现在，把第二条绳子的绳头从其下面穿过，这样，它就同时缠住了绳弯的两股绳。

双接绳结

5 要打个双重接绳结，先从步骤 1 打到步骤 3，打好一个接绳结，但是不要拉紧。继续将绳头缠绕绳弯一圈，并牵到前侧。

两条绳子的绳头都在绳结的同一侧。

4 一手拉紧绳弯，另一手拉紧第二条绳子的主绳，打结。绳头必须都在绳结的同一侧。

6 将绳头从本绳的主绳下穿过，并压在绳弯的两股绳上穿出。再强调一次，绳头必须在绳结的同一侧。

单向接绳结

　　单向接绳结，也叫收缩接绳结，是把两条绳子连接起来穿过一个平面。如果要把绳子沿着粗糙的平面拽，在水里拽，或在植被上拽，或在障碍物或边缘上拽，例如屋檐的排水沟，那么单向的接绳结就是一个接绳结（见58～59页）的加强版。然而，绳子的牵引方向务必要正确，不能往别的方向拉，也不能来回拖拉。

终极结绳技巧全图解

2 牵引右侧的绳头从绳结下面穿过。从右向左将其塞进绳圈，是从之前绳圈的底端穿过。

1 完成接绳结（见58~59页）的步骤1到步骤3，并让绳结处于松弛状态。

主绳与两个绳头是平行的。

3 拉紧两个主绳以收紧。绳结拉紧顺序必须是从左向右拉。该绳结可以在粗糙的平面和阻碍物上拉动，而且绳头又不会被卡住。

索架结

　　索架结，也被称为猎人结，非常适合绑定绳子和减震索以及把绳子与减震索连接起来。如果绳结打得足够结实的话，用滑绳以及钓鱼线就能打得很好。与大多数绑结一样，最好不要把绳头留得过短。就像阿什利结（见56～57页），此结可以打成四边都比较稳定，而且还都能用的样式。有些人会发现，实际手中操作时索架结比阿什利结打得更快，也更容易，至少比较容易上手。

1 将两条绳子并排放在一起，以相反的方向牵引绳子，使得两根绳重叠，重叠长度约为46厘米，折成个绳圈，左边绳端压在右边绳端上。

绑结

两条绳子应该并行平放，较低的绳子在绳圈的外侧，而较高的绳子在绳圈的内侧。

2 拿起左侧绳头（现在它们朝向右侧了）从后向前将其从绳圈中穿过。并使其处于绳圈内的左侧。

4 将绳头从绳圈中完全穿过，然后再拉紧主绳以收紧。一定要在绳头与绳结间留有一手长的距离。

3 拿起右侧的绳头，按从前往后的顺序将其从绳圈中穿过。

5 绳结会倒过来，这两个绳头会以相反的方向向外延伸。如果需要四边绳头都可用的话，就在两绳的中间部位附近打个结。

套结

用套结可以把承重绳子绑系到圆材、柱桩、锚杆、系船柱、鱼钩、拖车承重处，以及许多其他物体上。如果在使用时会出现晃动或反复投放钓线，或者不是一直承重的话，那么要想把结打得结实一点，选择合适的套结就很重要了。对于某些套结来说，还有一点很重要，那就是在绳索上选择恰好的承重处。锚结（见72～73页）与上桅扬帆结（见81页），就不像它们的名字所示，这两个结都属于套结。

牛眼结

- 纯牛眼结
- 牛眼结和栓扣

　　牛眼结，也被称为双合结、双合套，是把环状物或小物件绳结系起来的一种很便捷的方式。尤其是把带有封闭圆环的线绳之类的东西与钥匙、拉链标签以及其他没有开口的东西系在一起时，这个结就特别有用了。绳索两端的各个绳股在打结时要均匀分布。如果你想打完这类绳结却只有一条主绳的话，那就用钓鱼线或减震索打个纯牛眼结。

2 拉宽绳弯，并将其绕着环形物向后折叠，这样绳弯就压在本绳的主绳上。拉紧环形物和主绳以使其收紧。

1 折一个绳弯，并将其按从前到后的顺序从环形物中穿过。环形物中的洞一定要够大，并能让绳弯顺利穿过去。

如果环形物被固定或太大，就用绳头按照步骤3的操作来打结。

3 将绳头从环中按从前到后、从左到前的顺序穿过，并在环形物处缠住主绳，再绕环形物缠一圈，顺序是从后到前，并在交叉处下面穿过。

纯牛眼结

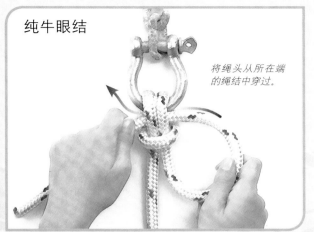

将绳头从所在端
的绳结中穿过。

重复步骤1和步骤2，但是在收紧前，将绳头拉离绳
结，然后再从绳圈里面所在端的本绳与主绳下方穿
过，然后拉紧。

插入木栓后，拉紧主绳以收紧绳结。必须以两条
主绳同时承重。

套结

牛眼结和栓扣

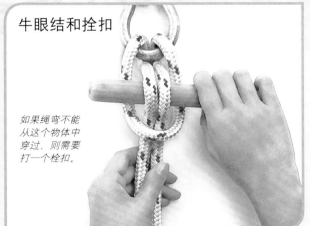

如果绳弯不能
从这个物体中
穿过，则需要
打一个栓扣。

将绳弯从环形物中穿过，并向下拉，压在主绳上。再
将主绳部分放进绳弯中，然后将木栓放到绳洞中。

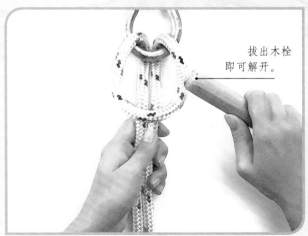

拔出木栓
即可解开。

要想解开这个结，就将木栓抽出。木栓就是一个
长度合适的东西，要足够结实，以便承受住相应
的重力。负重越大，木栓就会被系得越紧。

柱桩结

•双柱桩结

　　柱桩结可以用来把小艇栓系到栏杆或柱子上；或者将锚索系到船柱上。这个结可以在绳弯处打（无需借助绳头）或者在绳的末端打。用来打结的绳头的长度取决于桩柱的直径。要解开这个结，只要将绳头从绳结里往回缩一下，直到绳结松解到一定程度，就足以把绳结从柱桩顶端拿下来。双柱桩结比较结实，但是解开时有点困难。

1 折一个足够长的绳弯，长度要能够绕柱桩几圈。一手握住主绳，另一只手拉起绳弯绕桩柱缠绕，要从主绳下缠。

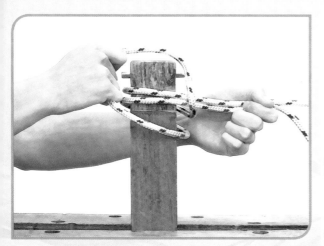

拉宽绳弯，并将其套入柱桩的顶端。

双柱桩结

完成步骤 1，在将其放到柱桩顶端前，将绳弯再绕柱桩缠绕一次。第二次缠绕要位于第一次缠绕的下面。

套结

均匀拉紧两个绳端以成结。如果绳子缠在一起并且没有均匀地缠在桩柱上的话，那么就需要费点周折，要注意不要把手指缠入里面。

按照步骤 3 调整绳结。打两个绳结，拉紧绳头直到绳弯固定在桩柱上，这样就能把绳头都压在里面了。

卷结

• 卷结：衍生结

卷结的打法快捷且容易记住，它用来把绳子系到柱子上，但是这个结在光滑的表面上可能会产生滑动。两边的绳头都可以负重。步骤1和步骤2展示了用绳头打的卷结。而步骤3~6的手中交叉的方法则展示了如何用绳弯打结的过程——绳子的任何部位都可以。如果你想不费力就能把绳结从柱子一端上滑开的话，可以打卷结。

1 将绳头从图中木方后穿过，再向上拉，然后从木方前面向上拉起，从左边压在本绳上。

2 然后将绳头斜对角缠绕，从木方后再缠绕一次，再从刚刚缠的斜线下面向上穿过。这样就打了两个半结。拉紧绳头收紧即可。

卷结：衍生结

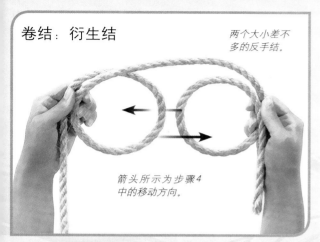

两个大小差不多的反手结。

箭头所示为步骤4中的移动方向。

如果你很难触及到绳头，可采用这种衍生结的方式打个卷结。先从打两个连续的反手结开始。

当从侧面看时，能看出这是两个半结。这与步骤2中所展示的结是一样的。

左边绳圈压在右边绳圈上。

将左边绳圈压在右边绳圈上，然后再将左手手指从两个绳环中部穿过。

下面只需要把这两个半结穿到木方的一端，拉紧即可成结。

绳针结

　　可以利用绳针结暂时绑定一个工具，或者利用细线做个手柄，这样在提拉东西的时候便于握持。人们经常用细绳缠在铁针上打这个结，这就是这个结名字的由来。也可以绕着工具手柄打结，用来把它挂在树上或屋顶上。如果没有合适的铁针，可以找支铅笔代替。使用这种打结手法时，先从主绳开始，这样细绳的握持力会更强。

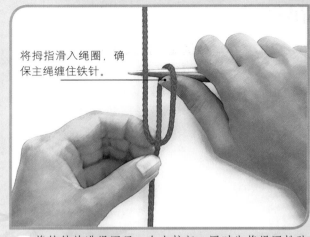

将拇指滑入绳圈，确保主绳缠住铁针。

2 将铁针放进绳圈里，向上拉起，同时也将绳圈松弛部分拉起，然后将铁针从主绳后穿入。右手拇指也按入到绳圈里。

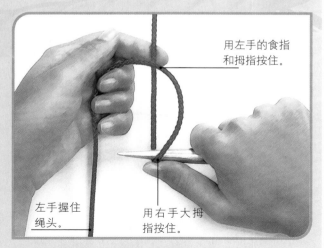

用左手的食指和拇指按住。

左手握住绳头。

用右手大拇指按住。

1 右手拿起铁针，用拇指按住铁针与绳的交叉处。将绳头向上拉起，做个反手结，然后再按紧交叉处。

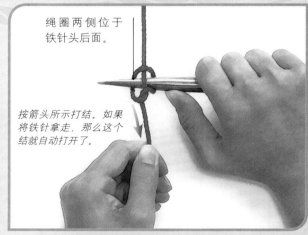

绳圈两侧位于铁针头后面。

按箭头所示打结。如果将铁针拿走，那么这个结就自动打开了。

3 用左手手指捏起绳圈前边，然后向左拉，压在主绳上，将其滑到铁针头后。再向下拉以收紧绳结。

吊桶结

　　吊桶结简单、便捷，用来把桶绑好并向上提拉。该结也可以缠绕盒子打成。但有一点需要注意，绳子被固定在桶底的中部并穿过，而且桶口的绳结要互相对应，正好位于桶的受力中心点。打吊桶结所需的绳子，长度约为桶最大周长的3倍。

把反手结分成两个结。

把反手结在正中间分成两部分，这样这两个结彼此相对。在桶的两侧调整这两个半结。

套结

将绳子放在桶底中间正下方。

将绳子的正中央放在桶底中间正下方。将绳头沿着桶两侧向上拉起，并在桶口处打个反手结（见13页）。

用渔夫绑结（见52页）系紧绳头。

确保将绳子放在桶底正中央，这两个半结要彼此相对并位于中间。向上拉紧，并将绳头系在一起成结。

锚结

•绳圈和两个半结

　　锚结，也被称为渔夫结，但作为一个比较安全的结，也许由于其看起来如此简单，以致通常再加个结就完工了。它也可以用减震索来打，但是另打的半结没有什么作用。圆绳圈和两个半结特别好打，但如果用减震索打的话，效果可能不太好。

1　折个缠绕从环形物中穿过，顺序是从后到前，从左向右。先不要急着把绳圈拉紧，先把绳头从环形物中穿过来。

2　将绳头从主绳后穿过，然后再从主绳前穿过，并将其从所缠绕的两个绳圈的洞中穿过。

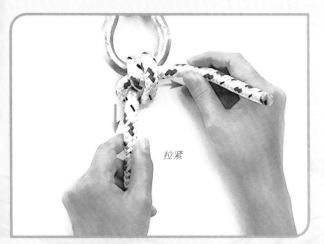

拉紧

拉紧缠绕环形物的绳结的主绳和绳头。这个锚结到此已经打完了，但通常还要再打个半结。

绳圈和两个半结

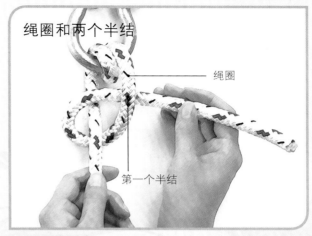

绳圈

第一个半结

按照步骤 1 操作，再从环形物中间穿过，缠一次。将绳头绕到主绳后，再从主绳前拉起，并从本绳下方穿过，打成第一个半结，拉紧。

套结

再打半个结。

拉紧

将绳头再次缠绕主绳一圈，让绳头从前面压住主绳，并位于本绳的下方，尽可能地拉紧绳头。

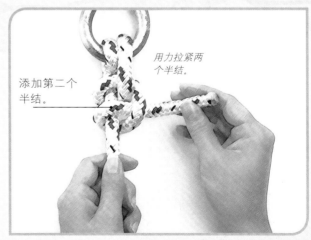

用力拉紧两个半结

添加第二个半结。

按相同的方向，将绳头从主绳后绕前穿过，打成第二个半结。并用力拉紧成结。

普鲁士结

　　普鲁士结，也被称为普鲁士套结，适用于将细绳系到绷直的绳子上。如果不受重，普鲁士结就会有些松动，可以在绳子上改变位置再打。拉紧绳圈，绳结的承重角度要选好（也就是说，要与绳子方向相同）这样它就变紧了。细线的两端受力要均匀，这样才能打出心目中想要的绳结。要想承重好，细线的长度应当小于绳子直径的一半。

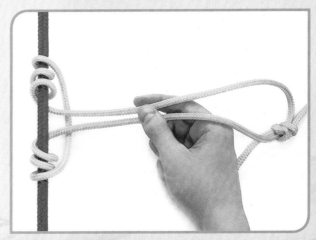

2 展开牛眼结的绳弯。将打好绳头结的线头从绳弯下绕绳子缠三至四圈，这样，每个绳圈都在前一个绳圈的内侧。

箭头所示为步骤2中的缠绕方向。

1 取一根线，长为0.9米，用渔夫绑结（见52页）将两个绳头系在一起。缠绕固定后以绷直的绳子打个松散的牛眼结（见64页）。

缠绕时绝对不能重叠。摩擦力会阻止绳结滑动。

3 同时松弛两边的缠绕。用手指拿起线在绳子上缠绕，整理绳弯使其松弛，并整理打好结的绳环。

上升索套结

　　这个结的名字来源于航海中，在装有横帆的船上，需要把上升索绑到横帆的底角，这样的结就被称为上升索套结。尽管是当套结使用，但是它本质上是个滑动的环结。如果打得好，无论风将帆吹得摇晃到什么程度，这个结仍会十分结实。如果收得特别紧的话，就需要一个铁针帮助解开这个结。还有个办法，比较好解开此结，就是在步骤3当中用绳弯以斜线的方式塞进绳洞中，这样打个滑上升索套结，这样只要拉一下绳头就可以解开这个结了，但是这种打法不是任何时候都有效的。

将绳头从后向前进行缠绕，然后以斜线的形式从左上压在刚打好的绳圈上。

套结

将绳头从环形物中穿过，顺序是从前到后、从左至右，穿过之后，再向左绕过主绳做个反手缠绕。

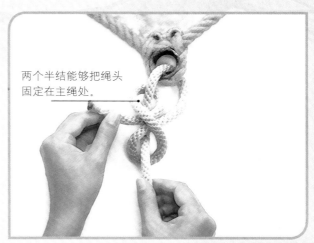

两个半结能够把绳头固定在主绳处。

继续从主绳的绳圈后绕出，然后再向左，由本绳的下面穿过。拉紧并将绳结滑动推至环形物。

强盗结

　　尽管这个结的名字会让人联想起这样的场景：在西部荒野上，强盗将马栓在类似的拴马桩上，准备抢劫完就立刻骑马逃走。但是目前还没有证据表明，犯罪分子在犯罪活动中采用此结。人们只要轻轻一拉绳头，就可以解开绳结，因此这是一个很值得一学的绳结。然而，它还不是最结实的绳结：如果经常拉扯主绳，或者在张力的作用下，这个结也会产生松动。

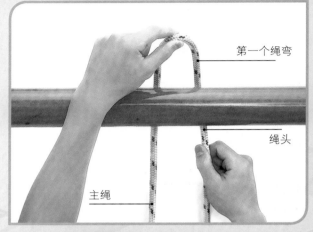

1 用左手将绳子折个绳弯，使得绳头在主绳的右侧，由木棍后侧向上拉。留下的绳头要够长。

2 用右手在主绳处折第二个绳弯，折完后，主绳余下的部分要在第二个绳弯的右侧。

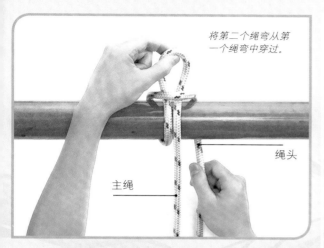

将第二个绳弯从第一个绳弯中穿过。

绳头

主绳

拿起第二个绳弯并从第一个绳弯中穿过，穿过之后，用左手拿住第二个绳弯，拉紧绳头使得第一个绳弯紧紧缠绕住第二个绳弯。

第三个绳弯穿过第二个绳弯。

将第三个绳弯从第二个绳弯中穿过，这样绳圈在缠绕木棍时便不会有缠不紧的地方。

套结

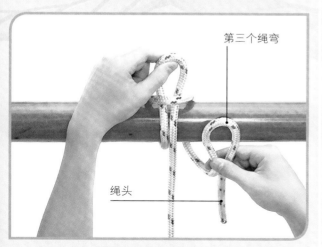

第三个绳弯

绳头

用右手和绳头折成第三个绳弯，绳头保留在右侧。

拉动绳头可解开绳结。

拉主绳以收紧。

拉紧主绳，将第三个绳弯用力地从第二个绳弯中穿过。要解开绳结，只要拉一下绳头，绳结就会滑动松解开了。

圆材结

•圆材结加半结

    用圆材结把绳子系到柱子上，这种办法很方便，只需要缠绕一次就可以了，尤其是这条绳子太沉重时格外便捷。如果在圆材中部打个圆材结，那就能把圆材拉起。如果再打个半结，就是圆材结加半结，无论是在水上，还是在陆地上，只要保证提拉时不产生巨大的晃动，就可以把圆材拖拉走了。这种绳结也经常被使用在将尼龙吉他线系到琴马上。

如果圆材比较大且重的话，就多缠几圈。

2 将绳头绕绳圈再缠绕 1 圈、2 圈或 3 圈。拉紧主绳，并将绳头缠绕时产生的松弛部分拉直进行整理。

另一种打法，是先压在绳圈上，然后再向下穿过，顺序是从左至右。

1 从后向前将绳子缠绕在圆材上。将绳头由主绳后进行缠绕，然后向前拉，并牵引绳头从绳圈的下方穿过。

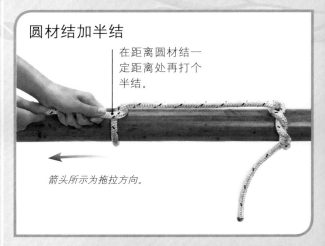

圆材结加半结

在距离圆材结一定距离处再打个半结。

箭头所示为拖拉方向。

3 沿着圆材向左拉绳子，并在距离圆材结一定距离处再打个半结（见 2 页）。如果在圆材末端打的话，在拖拉时会更稳定，但是如果过于靠近圆材末端，也容易滑脱。

轮结

•营绳结

　　如果绳子在承重时，物体与杆子成角在45度至90度之间，在这种情况下，人们通常用轮结来把绳索系到杆子或一条更大的绳子上。绳子的承重方向或变形的方向决定着打结的方式。本栏内容中的套结打法都是向右打的，即右边承重，如果要左边承重的话，这个结可以以镜像的方式打，或者与右边承重打法相同，但是要在杆子的另一侧打。营绳结打法与轮结类似，适合把线系到绷紧的绳子上。

将绳头像对角线那样斜压在缠好的两个绳圈上，然后再从杆子后面拉下来。

套结

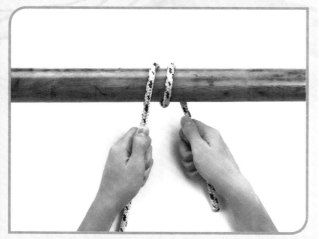

先将绳子抬起并绕过杆子，依照从左至右的顺序缠绕一周。

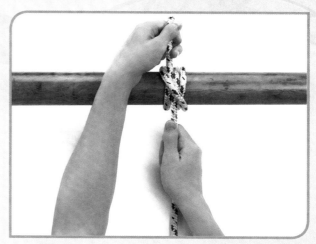

将绳头向上拉并从步骤2的斜压处底下穿过。有一点需要注意：轮结实际上就是一个卷结（见68页），只不过在杆子右端多缠了一圈而已。

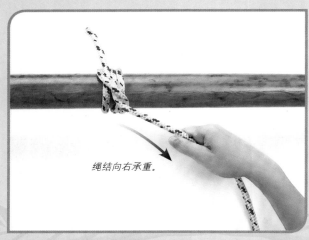

绳结向右承重。

4 拉住绳头并收紧。该结的右侧可以承重，如果要从左侧承重，就要像步骤 1 那样打个结，缠绕顺序是从右到左。

6 牵引细绳绳头到粗绳后，并将细绳从后向前绕一下，然后从刚刚打好的绳洞中穿过。将细绳绳头拉出与主绳平行。现在，这个结看上去像个牛眼结（见 64 页），只不过多缠了一圈。

营绳结

5 取一根细绳，直径是绳子直径的一半，甚至更细。在一条绷紧的绳子上用细绳打这个结。按照轮结步骤 1 中的方法操作，然后再向左将绳头从前压在主绳上。

如果成角小于45度，就要考虑用普鲁士结（见74页），有一点需要注意：细绳的两端受力要均匀。

绳结向右承重。

7 拉住绳头以收紧绳结。使其与粗绳紧密相连，同轮结一样，承重的方向必须是最初的反手结方向。

上桅扬帆结

　　要把升降索系到桅杆上，或者把绳子系到杆子上，上桅扬帆结都是个不错的选择，如此就能将桅杆拉起来。它与卷结（见68页）不同，也与轮结不同，在这两个结中，绳股都是缠绕在杆子上的，而上桅扬帆结则理所当然的是在杆子的中部承重。这个结打完会非常结实，并且是个需要一定技巧才能打好的绳结。在承重时，它还有个要点，就是各个绳圈的受力是均匀的，减少了卷结中所产生的纠结。

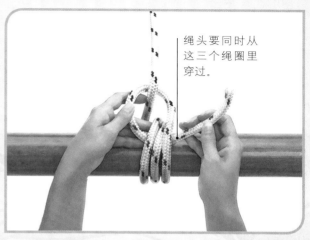

绳头要同时从这三个绳圈里穿过。

将绳头拉到前面并将其从三个绳圈里塞入并穿过。绳圈必须缠得松散点——太紧的话，绳头穿不过去。

套结

绳头位于主绳后。

取一条绳子，按从后向前、从左至右的顺序，在杆子上缠两圈。然后再缠一个单圈，这三个圈互不重叠。将第三个绳圈缠完后，将其斜压在前两个绳圈上，并拉到主绳后。

绳头压在后两个绳圈上，并从第三个绳圈下穿过。

转到相反的方向，并将绳头从右到左压在前两个绳圈上，然后从第三个绳圈下穿过。从主绳到绳头依次拉紧并成结。

帕洛玛结

使用帕洛玛结，可以简单地把钓鱼线系到鱼钩、环形物或转环上。只要一小会儿就能打完这个结，而且很结实。但与钓钩线结（见84～85页）不同，它不像后者那样耐磨。要把钓鱼线系到鱼钩上，尤其是环孔朝后时，最好就是把绳弯从鱼钩顶部的环孔中以及鱼钩身后穿过，这样有助于保持方向稳定性。有人认为这样打结，鱼钩不容易钓着鱼，而有人则认为，这样打结，鱼上钩后就不能轻易地逃脱。

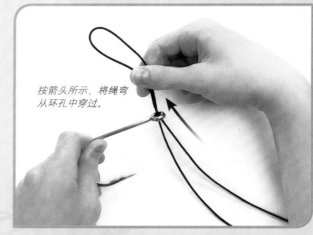

按箭头所示，将绳弯从环孔中穿过。

1 折个绳弯，要比鱼钩略长一点，将绳弯从鱼钩的环孔中穿过，顺序先是鱼钩顶端，再到鱼钩身后。

终极结绳技巧全图解

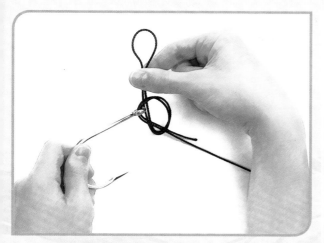

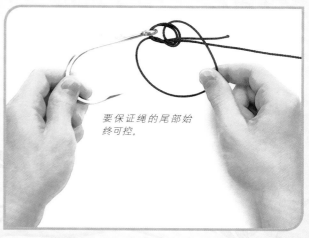

要保证绳的尾部始终可控。

把绳弯作为绳头，绕环孔打个反手结（见 13 页），但要保证线的末端，也就是尾部，始终是能操控的。

在鱼钩全部从绳弯中穿过后，拉紧主绳和绳头使得绳弯紧挨着反手结。

套结

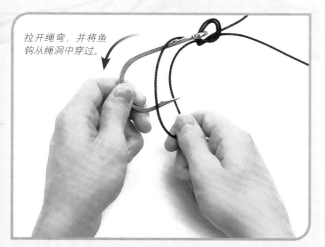

拉开绳弯，并将鱼钩从绳洞中穿过。

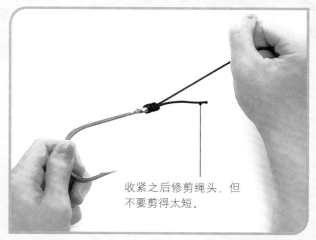

收紧之后修剪绳头，但不要剪得太短。

拉反手结并制造出足够的松弛部分，这样以便于鱼钩从绳弯中穿过。

如果使用比较硬且较沉重的应变线，这个结打起来就会非常困难。将线放在水中浸湿会好打一些，但是拿在手中会比较滑。

钓钩线结

当鱼钩自身的末端有个铲形头，而不是一个环孔的时候，要把钓鱼线系到鱼钩上，打这个结是唯一的办法。与帕洛玛结（见82～83页）相比，这个结打法有些难度，但是不易受到磨损，也不太会被鱼吞下去。而这种绳结的其他系法则比较难。钓鱼线如果是要么特别细，要么特别硬的话，尽管系起来比较费力，但也要控制好绳弯和缠绕。

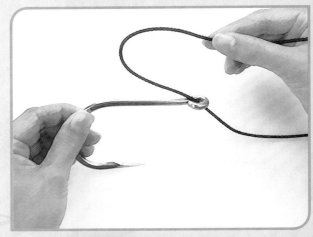

1 将钓鱼线朝着鱼钩顶端的方向从环孔中穿过，并穿到鱼钩身的背面。留下绳头，绳长约为鱼钩长度的4倍。

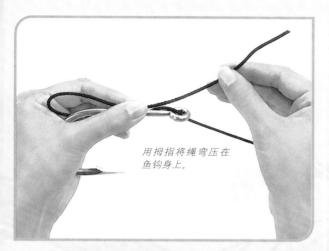

用拇指将绳弯压在
鱼钩身上。

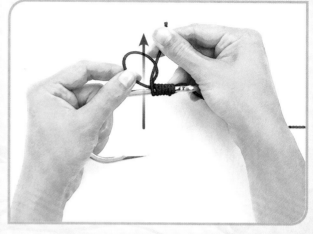

将绳头向下拉,然后再由环孔处拉回,形成一个绳弯,
其长度几乎和鱼钩长差不多。

将绳头从没有被缠住的绳弯洞中向上穿过。用力拉紧,
以确保缠得比较结实。

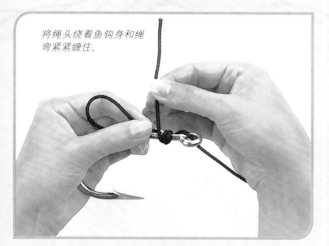

将绳头绕着鱼钩身和绳
弯紧紧缠住。

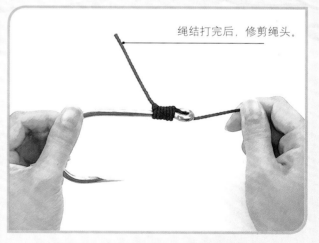

绳结打完后,修剪绳头。

将绳弯紧紧压在鱼钩身上。先从环孔下开始,将绳头
绕着鱼钩身和绳弯缠绕四或五圈,如果鱼钩比较大的
话,可以缠绕六圈。

用力拉主绳,以拉紧绳弯,并将绳结滑向环孔处。

车夫结

　　车夫结还被叫做马车夫结和手推车结。这个结在拉紧之后，还可以再使劲拉紧，适合搭帐篷时用，或者为拖车负重。这个结具有杠杆一样的作用，可以把绳子拉直，可以使用任何多余的绳子来打这个结。它需要一定的绳长，应为该结起点到系固点的四到五倍长。只有在压力的作用下，这个结才会稳定，因此，要确保其所负重的物体不会移动。

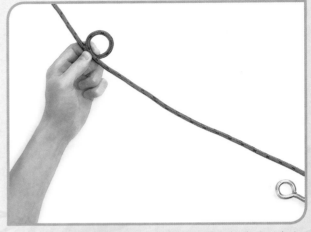

1 先从主绳开始，过会儿要把它系到上部的系固点上。按逆时针方向旋转，打个小的反手结，并用左手握住。

2 用右手在绳头处折个绳弯，其长约为绳圈到系固点的一半。

从下面将绳弯末端由反手绳圈中穿过——但绳弯顶部不要穿过太长，大约1/5就可以了。用左手固定手中的绳弯和反手绳圈。

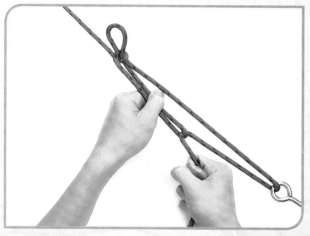

绳头是从后向前穿过下端的。然后用力向下拉绳头。这样，绳圈就会固定住并连接起绳弯，之后就可以松开左手了。

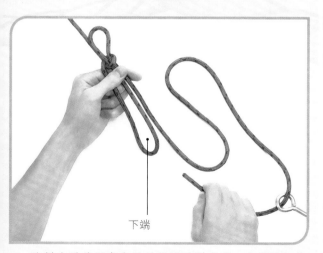

这样左手的绳弯和反手绳圈就形成了一个新的、较低的绳弯，称其为下端。拉住绳头向下穿过下端的系固点。

下端

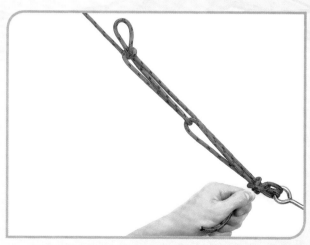

尽量用力拉住绳头，并在紧固点处上方系好——打双半结（见2页）就可以了。这个结得需要多次练习才能打好。

捆绑加固结

人们通常使用这个结来把建筑用的材料用绳子捆扎起来。如果想盖一间小木屋，可能要用到捆扎结来把横梁、按对角撑起以及把支撑物捆扎起来。因为只是暂时性地把捆绑物捆扎在一起，故只需要捆扎一两圈即可，而捆绑加固结用得更加长久，也需要多缠绕几圈。绳索起到的作用与夹紧装置是一样的，但是绳结会产生摩擦力，有助于防止捆绑物一个一个彼此脱离。如果绳索带有些伸展性，那么打起捆绑加固结就更结实了。

方回结

　　相对来说，要绑定两根木杆组合成十字架，打个方回结是比较便捷的一种方式。它要比横木结（见28页）更结实，也用得更长久，但是打这个结需要的时间和绳子也更长。打这个结时要注意力度以及绳圈的缠绕数量：结一定要打得足够结实，才能够把十字架捆得紧，但是也不要太紧，以至于让十字架都出现弯曲了。要打这个结，可以从圆材结（见78页）、收缩结（见24～25页）或多重反手结（13～14页）开始，通过实践找出哪种方式更为合适。

过后再缠一圈就会把绳尾固定住。

在垂直的木杆上打个卷结（见68页）。将绳尾和主绳缠在一起。将水平木杆压到垂直木杆上，也就是刚打好的卷结上方。再将绳头向右压在十字架上。

捆绑加固结

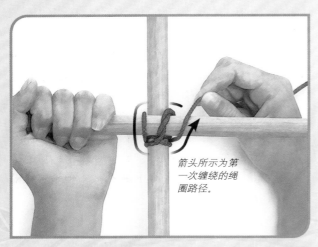

箭头所示为第一次缠绕的绳圈路径。

2 保持拉力，将绳头绕到垂直木杆，也就是卷结的上方，然后再从水平方向木杆的前面向下穿过，再从垂直木杆下端的后面向前穿过。

3 重复缠绕四次左右。缠绕的绳圈次数取决于木杆的直径和绳子的粗细程度。

收紧绳圈可以不用一个木杆一个木杆地缠，但要缠紧已缠好的绳圈。

4 开始进行收紧绳圈的缠绕。在水平木杆右端缠绕一下，然后在两根木杆之间以顺时针方向缠绕三或四次。

打个卷结以收结。

5 在左上方停止，绕垂直木杆上端打个紧点的卷结（见68页）以收结，这样绳结就不会滑动或者在受力时产生旋转。

十字编结

　　人们用十字编结把两个斜交叉的棍子绑到一起。而这两根棍子也不必互成直角。在不改变交叉的位置的情况下，先打个圆材结（见78页）把两根棍子绑起来。然而，如果这两根棍子事先没有通过其他方式固定住的话，那么在打结过程中很难保持两根棍子的交叉角度不变。打十字编结过程中的受力没有方回结（见89～90页）那么大，但是木棍却不容易滑动。

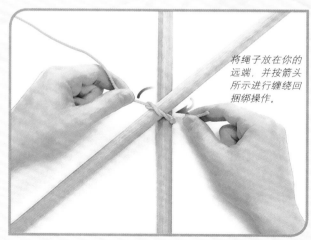

将绳子放在你的远端，并按箭头所示进行缠绕回捆绑操作。

捆绑加固结

　　在两根木棍交叉角度最大处打个圆材结（见78页），将两根木棍绑到一起。拉紧圆材结，将绳子放在你的远端，并从两根木棍后穿过。

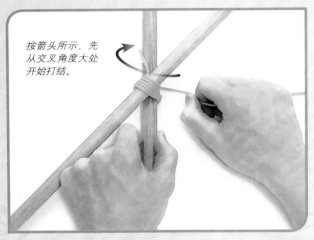

按箭头所示，先从交叉角度大处开始打结。

2 将圆材结缠紧并绕交叉处缠绕四或五圈。除非两根木棍事先固定好了，否则，你缠绕得越紧，成角的角度就越大。

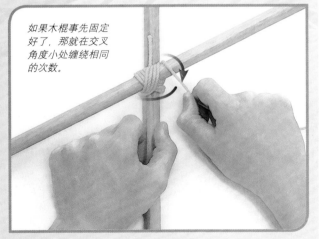

如果木棍事先固定好了，那就在交叉角度小处缠绕相同的次数。

3 现在，从交叉角度小处开始缠绕。如果木棍事先没有固定好，那就压紧并继续缠绕，直到你对交叉角度感到满意为止。

收紧绳圈需要缠绕三或四次就可以了。

以逆时针方向缠绕，从垂直木棍上部的前面穿过，并从横向木棍的左后面穿过，再从垂直木棍的下端的前面穿过，最后从横向木棍的右后面穿过。

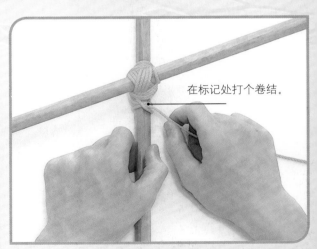

在标记处打个卷结。

绕其中的一根木棍打个卷结（见 68 页）以成结。卷结要与收紧绳圈平行，这样十字编结就不可能产生滑动或在受力时发生旋转。

剪立结

　　剪立结可以把两根纵向的木棍捆扎在一起，可以把其中的一根木棍加固或续接，而另一根则可以在任何一端绑扎，或者与第一根木棍重叠。打结时要稍松一点，这样就可以做个A字形支架绳结，结中两根木棍就稍稍被分开了，它们的顶端互相交叉成夹角，可以起到支撑作用。A字形支架还被叫做人字起重架。对于夹角在25度以上的情况，选择十字编结（见91～92页）无疑更为明智。

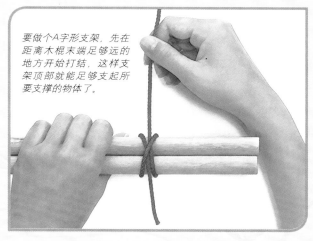

要做个A字形支架，先在距离木棍末端足够远的地方开始打结，这样支架顶部就能足够支起所要支撑的物体了。

将两根木棍并排摆放在那里，用卷结（见68页）起手。留足木棍短端，也就是将要缠绕处的木棍下端。

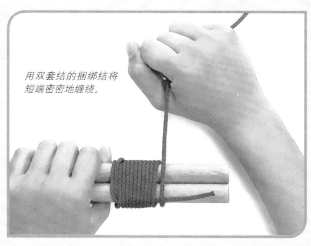

用双套结的捆绑结将短端密密地缠绕。

开始缠绕，但对于将两根木棍搭建的A字形支架而言，不要缠得太紧。根据通常的经验，绑定的长度不要小于两根木棍合在一起的宽度。

捆绑加固结

收紧绳圈至少要缠绕两次；让这个空隙容不下超过三个以上的收紧绳圈。

3 对于交叉绳圈而言，将绳子横向拉到木棍顶端后面，再向前拉，并从两根木棍之间穿过，正好缠住纵向缠好的绳圈。

4 绕过其中一根木棍，在第一个双套结的对侧再打个卷结（见 68 页），记住不是两根木棍。结一定要打得结实一点，要紧挨着绳圈打。

5 如果把木棍绑在一起是为了加固或续接的话，再紧紧缠绕一圈，略去交叉绳圈，并绕两根木棍打个卷结以收结。

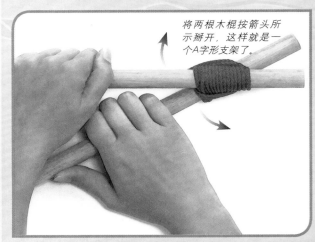

将两根木棍按箭头所示掰开，这样就是一个A字形支架了。

6 要把它当做 A 字形支架用，得按箭头所示将两根木棍掰开，要注意掰开时绳结两端张开角度要平均。多多练习打结，这样才能掌握好力度。

三角支架结

　　有几种不同的方式打三角支架结，但是我介绍的这个方法可以做个支架，搭建完后可以带着去目的地，到那儿立起即可使用。用完之后，可以暂时捆起来，例如用系木结（见20~21页）把另一端捆好，把它折叠起来放平就可以带走了。然而，底部所夹的三角并不是等角的。就如同剪立结（见93~94页）一样，三个分开的木棍的夹角角度取决于绳结的长度和张力，以及绳索的伸展性。

将卷结的短绳头绕着另一绳头缠绕，然后将两个绳头面向你拉。这样有助于把卷结及其末端紧紧锁住。

捆绑加固结

在开始前，要想好绳结需要打多宽，并为挂什么东西留下空间。

将三根木棍并排放好，要确保木棍触地端是平的。在最上面的木棍上打个卷结（见68页），距离要合适。

进行木棍之间的缠绕：操作时要从最下面的木棍下穿过，再从中间木棍上穿过，再从最上面的木棍下穿过，然后向上缠绕，再次缠绕时顺序相反。

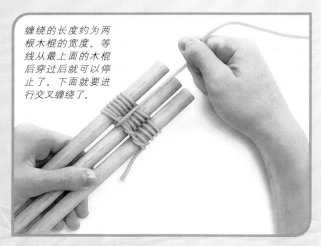

缠绕的长度约为两根木棍的宽度。等线从最上面的木棍后穿过后就可以停止了。下面就要进行交叉缠绕了。

4 进行交叉缠绕，先把线从最上面木棍前向下拉，然后再由上面和中间木棍的间隙向后穿过。在之前缠绕好的地方进行交叉缠绕两或三圈。

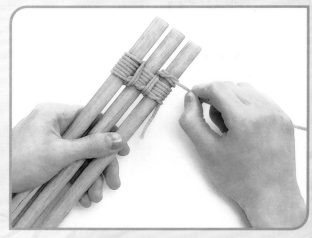

6 快打完时，围绕底部的木棍打个卷结（见68页）。交叉缠绕一定要直接塞进绳结里，这样绳结就不会旋转了。

5 把线绳拉到中间木棍后面，然后再从中间木棍和底部木棍间的前面穿过。开始交叉缠绕，不过这次缠绕的方向与第一次完全相反。

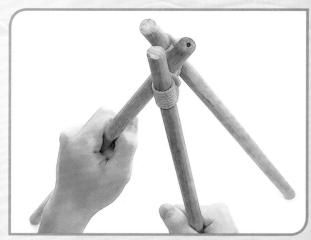

7 要把三角支架立起来，将上下木棍掰开，并采用一个剪夹的动作把中间木棍朝向与其初始位置相反的方向放好。如果绳结打得太紧的话，操作起来就会有些费力。

接绳结

人们通常采用接绳结把两条搓绳接起来，要加一条绳子作为一个分支，这样就出现一个Y形连接，或者在绳末端做个孔。采用本书提供的接绳结，你就可以完成相应的接绳。眼环结（见98～99页）以及短编结（见100～101页）的打法都比较好学，然而，打结的方法也要对头，并且也要多打几次试试才能打好。

眼环结

　　眼环结实际上并不是一个真正的结，而是在一条搓绳末端做个环孔的一种方式。也可以使用这个办法来为第一条绳子添加一条辅绳，两绳呈Y形，但主绳与辅绳的受力方向要相同。如果需要把绳子永久性地固定到某个物体上，或者从钩中、杆子或系船柱脱落了，人们通常采用眼环结来解决问题。大多数的搓绳都是Z形的，这就意味着绳股是按照逆时针的方向缠绕的，本书的操作说明都是以Z形搓绳为操作绳的。

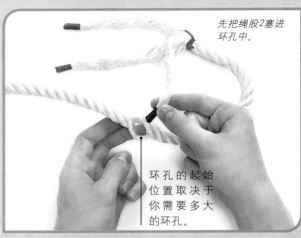

先把绳股2塞进环孔中。

环孔的起始位置取决于你需要多大的环孔。

2 打开分好的绳股，并拿起其中的一股。在主绳处，将中间的绳股 2 斜放在刚刚拿起的绳股下。不要让股绳完全从环孔中穿过。

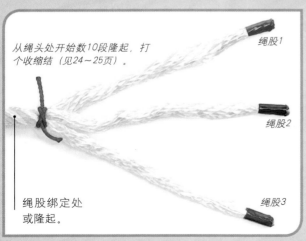

从绳头处开始数10段隆起，打个收缩结（见24~25页）。

绳股1

绳股2

绳股3

绳股绑定处或隆起。

1 拿来一条绳子拆开。把各个绳股分开，并将其拿胶带缠住。继续拆开绳子，一直拆到打好的收缩结。并为每股绳标上一个号码。

再将绳股3塞入。

3 拿起绳股 3，它位于绳股 2 的右边，将其塞进环孔中，也就是说把它塞入绳股 2 塞入处的右下方。

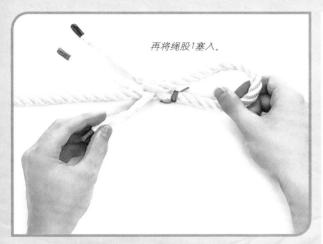

再将绳股1塞入。

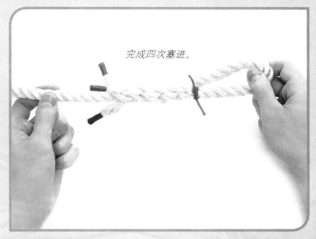

完成四次塞进。

4 轻轻旋转该绳，并把剩下的绳股 1 从主绳相应的左股下塞进环孔内。将这三股绳拉紧，直到靠近主绳。

6 再将绳股塞进环孔内的时候，一定要保持捻绳平整。如果你在主绳部分没有打开足够多的话，那么你在编织的时候，绳股中的捻绳就会打结。

拿起绳股2开始第二轮塞进环孔。

修剪并封好绳头。

5 继续编织绳股，以斜线的方式进行编织，直到你塞进去四次之后。或许三次就行了，但是如果绳股有些松散的话，三次就不够了。

7 如果要打开的绳子比较粗的话，那么在解开时就得使用硬木钉了。在将股绳第四次塞进环孔后，可以对绳头进行修剪，或者打绳头结（见 8~9 页）或进行热封（见 7 页）。

接绳结

短编结

把两股搓绳永久地连在一起，就可以采用这种办法。这两条绳子的直径可以不必相同，但是要近似。当两条绳子连接到一起而形成弯折时，这个绳结将不能通过滑轮或滑轮组，但是经过拼接之后，只要它一头逐渐变细的话，绳子尺寸在轮槽中会相对宽松，它就能够适宜通过。还有别的办法把两条绳子连接起来，同样也能实现将绳变细的效果，但是不结实。

2 接下来的操作与眼环结（见 98~99 页）步骤 2-4 相同，开始把左绳编入右绳。要先后塞进去两次。

将左绳塞进右绳开始操作。

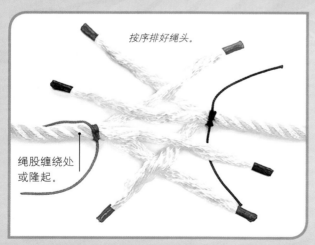

按序排好绳头。

绳股缠绕处或隆起。

1 在每条绳子距离绳头处 12 个隆起的位置打个收缩结（见 24~25 页）。为绳股粘上胶带并标上数字，并将绳股展开。

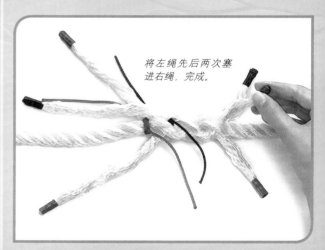

将左绳先后两次塞进右绳，完成。

3 再做一系列将右绳塞进左绳的操作。拉紧绳股，并逐个调整绳股。根据实际需要放松收缩结。

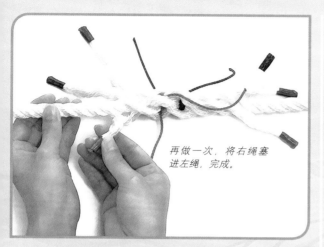

再做一次，将右绳塞进左绳，完成。

4 进行下一组塞进，再将右绳塞进左绳，这样每个方向各有一次塞进。然后再轮流塞进，直到每个方向都有四次塞进。

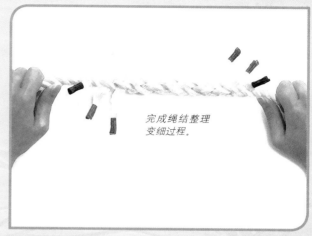

完成绳结整理变细过程。

6 要让绳结变细，有一种简便的方法，就是在塞进三次之后就不要再塞进了，在第四次塞进之后，把第二个绳股留在外面，然后用留在外面的绳股进行第五次塞进。

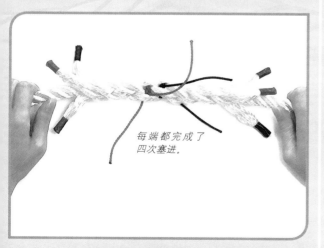

每端都完成了四次塞进。

5 绳结打完了，要开始对绳头进行修剪并热封。然而，如果你想将绳结逐渐变细的话，还要继续进行步骤6中的操作。

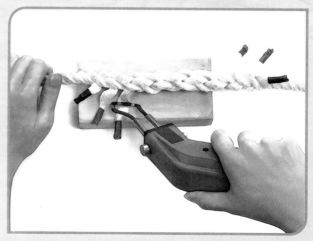

7 如果每个绳股的塞进顺序是正确的，那么这个结就需要对其进行平整并将其变细。修剪并热封绳头，要处理得整齐、干净些。

接绳结

绳结戏法

绳结戏法就是以明显不太可能的方式打结和解结。变戏法的人随意操控绳子，可以通过各种动作把结解开，将绳结从绳子的这部分转移到其他部分，并能在很短的时间内把一个结变成另外一个结。这类能快速解开的复杂绳结，多半需要一个或多个滑结，或者加入一个看上去像解开绳结的手法，实际上是把已经识别出来的绳结进一步复杂化。

极限绳结

　　拿来一根绳子放到你的朋友面前，让他们在两端绳头不离手的情况下打个绳结，并以此来向他们挑战。最终的结果必须是将绳子拉紧后，就会出现一个正常的绳结，并且不会散开，这才算赢。任何绳索都可玩这个戏法，但是一根粗绳要比细绳更容易操作。所选用的绳子或细绳应该有0.9米长，这样在别人都失败的情况下，你就可以从容地向他们展示如何变这样的戏法。

两手紧紧攥住绳头，将双手从交叉状态转变成图中所示的姿态，两手分开，让绳子滑落到两手的手腕和手上。

将绳子平放在桌子上。在拿起之前，将双臂按图所示交叉。现在可以弯身用两手拿起两端绳头。

然后双手向各自的方向一拉，这样，在不松手的情况下就能用绳子打一个反手结。

绳结戏法

手铐谜题

　　你和你的朋友戴上绳铐，每人的手腕上要用绳头打个环结，这两根绳子要挽在一起。环结的打法并不重要，但是称人结（见32～33页）效果会好点。在不去掉绳铐、不解开手腕上的环结、也不能把绳子剪断的情况下，你们两个人必须要尝试分开彼此。这个戏法需要两根绳子，每根都要有1.5米长。变戏法时最好采用粗点的柔软的绳子，这样不会磨损到皮肤。

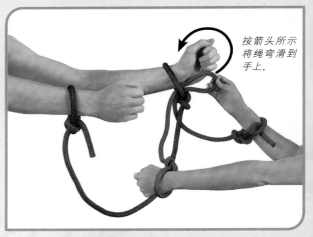

按箭头所示将绳弯滑到手上。

2 将你手中的绳子折个小一些的绳弯，并将其塞进你朋友手腕上的环结，然后将其拉向自己这边。继续拉，直到它足以从你朋友的手中穿过。

1 将两根绳子按图示挽在一起，将打好的绳铐系到你和你的朋友手腕上。所打的环结一定要足够大，这样它能在手上和手腕上自由滑动。

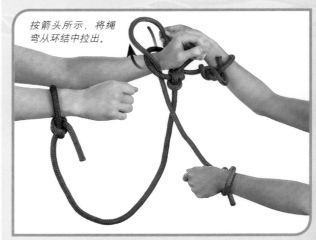

按箭头所示，将绳弯从环结中拉出。

3 将绳弯从拇指这端移动到小手指一侧，然后穿过。轻轻一拉就可以将绳弯从你朋友手腕处的环结中带出来，这样你们两个就都自由了。

終極結繩技巧全圖解

指环脱落

　　用这个戏法，在不需要放下绳环或将该物体破坏的情况下，你就可以把穿在绳环上的物体移走。该戏法需要一根长约0.9米的细绳，并将指环或珠子穿在绳子中间。你也可以把绳环和能穿在上面的物体交给你的朋友们，让他们试试如何让环形物体从绳环中掉下来，同时不能把绳环离手放下。当然，你还可以先练练，等练好了变给别人看，再让他们想想你是怎么做到的。

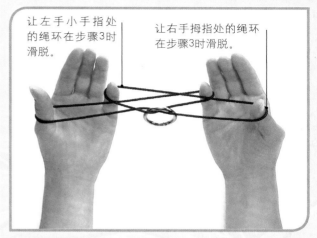

让左手小手指处的绳环在步骤3时滑脱。

让右手拇指处的绳环在步骤3时滑脱。

用左手小手指越过右手小手指在步骤1中形成的绳弯，并能达到在指环右侧的绳弯，将其从后面勾起。

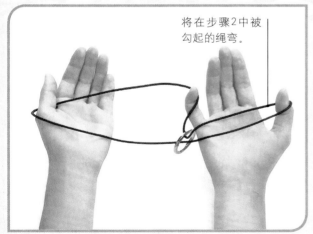

将在步骤2中被勾起的绳弯。

将绳环放在两手的拇指上，用右手小手指从后勾起绳股上端，位置在指环的左侧。

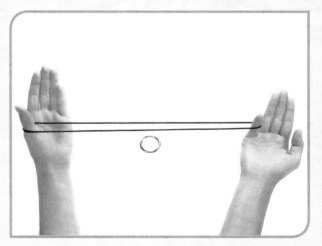

分开双手，同时让左边的小手指和右手拇指上的绳环滑脱，指环就从绳环上掉下来了。

绳结戏法

没有一个绳结

这个戏法要从打缩帆结开始，它看上去很复杂，但是一拉紧，这个表面上看起来打好的绳结就会完全散开。如果使用细绳或柔软的绳子，而不采用粗或较硬的绳子的话，最后一步就更容易实现了。准备一根长0.9米的绳子是比较理想的。你可以自娱自乐，也可以把一个打好的缩帆结交给你的朋友，挑战他们在不解开绳结的情况下，使绳结散开。

2 再次拿起刚才的绳头，在绳结中间由后向前穿过。

1 折一个绳环并打个缩帆结（见18~19页）。拿起位于绳结后面的绳头，并按箭头所示将其从后向前穿过绳环。

3 用力拉紧两端绳头。最初打好的绳结就会散开，并完全消失不见了。

装饰用绳结

装饰用绳结通常都比较实用，也很美观。绳索装饰结有多种衍生绳结，包括加大对扶手栏杆和钩头篙手柄的抓力。在磨损频率高的区域或甲板固定装备周围，放个垫子可以起到保护作用。挂绳也可以防止小工具的滑落和丢失。有时，换一个打法就会出现不同的绳结——如果用细绳，所罗门编绳（见129~131页）就可以做个拉链头，如果用粗绳或者锚绳的话，就可以做个艇护舷。

猴拳结

　　猴拳结是一个球形结的大家族，通常要在绳结中间塞进一个结芯。它最简单的打法也就是人们最熟悉的那种。它能够把抛揽的一端压住，这样它就可以在船之间投掷，还可以用它来做结实点的拉链、百叶窗的拉绳、或者灯的开关拉线。人们还把猴拳结当做阻塞物用，那就需要打个永久性的绳结。在绳子短端处，打个环结或眼环结（见98～99页），用手紧紧握住。可以扔给小狗让它玩耍，或者当投掷玩具用。可以找一个有浮力的结芯，使它成为落水投放物保持漂浮状态的关键，也可以挂在船上摆动，以此吓吓飞来的海鸥。

将所剩绳头从打好的三个绳圈里穿过，由下往上缠绕。

拉紧以确保绳圈固定在原处，但也不要拉得太紧，步骤4中还要塞进一个芯。

用拇指和其他手指按住绳圈，接下来拉住绳头，在最开始缠好的绳圈上横向缠绕三圈，并向上拉。

缠绕绳圈的次数取决于绳结的大小。在步骤1-3中，要想打个大点的结，就多缠几圈。

1 左手大拇指握住主绳，右手拿起绳头以垂直的方向在左手上缠绕三圈，向上拉，为以后打结做好准备。

要把绳头留在绳结的左上部。

以逆时针的方向进行第三轮缠绕。

牵引绳头并将其塞进第一轮缠好的绳圈里、第二轮缠好的绳圈上，绕着第二轮绳圈的外侧开始第三轮缠绕，缠绕是以逆时针方向进行的。

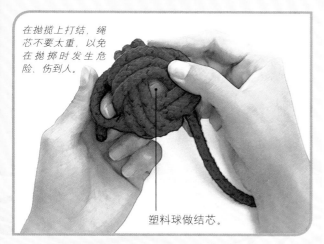

在抛揽上打结，绳芯不要太重，以免在抛掷时发生危险，伤到人。

塑料球做结芯。

拉大两轮绳圈间留下的空隙，塞进结芯。拉紧绳结并将结芯包在里面。

钥匙坠/拉链头

要打个钥匙坠或拉链头，需要一个绳环，拿起在第一轮绳圈后的绳头，并将松弛的绳环拽回到绳结里。

将绳头塞进绳结里。要注意在收紧绳结时不要把绳头再带出来。

将绳头塞进绳结里。用锥子逐渐拉紧绳结，整理主绳与绳头之间的松弛部分。用锤子平整绳结。

将绳环打成牛眼结，并连接到拉链或单把钥匙上。如果想多挂几把钥匙的话，再加个开口环。

整理缠绕绳结的绳环上的松弛部分，使其处在第二轮缠好的绳圈中间。剪短绳头并将其塞进绳结里。

装饰用绳结

圆圈垫

　　之所以称其为圆圈垫，是因为这个结和传统的丹麦面包店麻花状的标志比较像。这个结直接就可以打，但是要保证绳子不会纠结，而且绳结大小要平均。五个互相连接的绳结打成的东西可以当草席垫、装饰品或桌子上的隔热杯垫，或者杯托盘用。由六个或更多绳结打成的垫，中间会有个大点的孔，可以套在别的物体上，例如套在灯座上或甲板固定装置上。

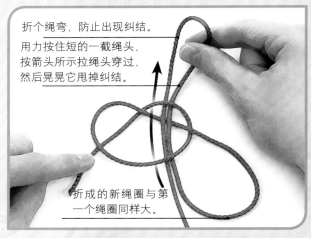

折个绳弯，防止出现纠结。

用力按住短的一截绳头，按箭头所示拉绳头穿过，然后晃晃它甩掉纠结。

折成的新绳圈与第一个绳圈同样大。

在绳头处折个绳弯。从第一个绳圈的底端绳股下穿过，并按箭头所示压在绳头上，从绳圈顶端下穿过。

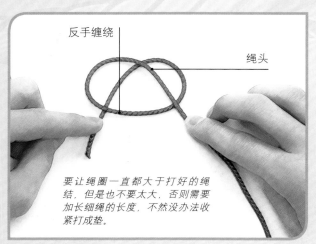

反手缠绕

绳头

要让绳圈一直都大于打好的绳结，但是也不要太大，否则需要加长细绳的长度，不然没办法收紧打成垫。

1 做个反手缠绕，并将绳头按图所示压在绳圈上。如果使用细绳，很难把圆圈垫保留在原来的地方。可以尝试在软木地板上打这个结。

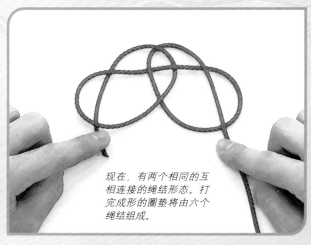

现在，有两个相同的互相连接的绳结形态。打完成形的圈垫将由六个绳结组成。

3 将绳头压在新折成的反手绳圈上。重复步骤 2 折第三个绳圈，并与第二个绳圈相连。继续编织直到编完五个绳结，比最后规定的数目少一个。

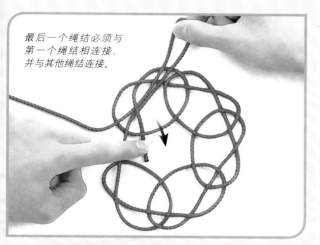

最后一个绳结必须与第一个绳结相连接，并与其他绳结连接。

将绳头处打的绳弯压在第一个绳结上端绳股的上面、主绳的下面，并且（按箭头所示）压在第一个绳结底端绳股的上面。

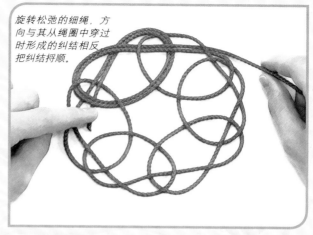

旋转松弛的细绳，方向与其从绳圈中穿过时形成的纠结相反把纠结捋顺。

用绳头沿着主绳将绳结缠绕成两圈的结。之后，尽可能多缠绕几圈，同时，轻轻捋顺绳结中产生纠结的地方。接下来，每个结都重复这样的多次缠绕。

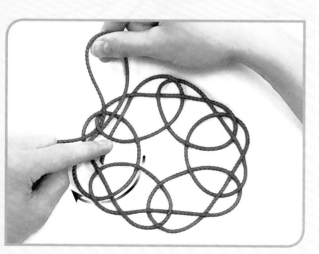

向下拉绳头端的绳弯，从前面的绳圈先上后下穿过。再次牵引，并先上后下穿过，紧挨着外侧的主绳。

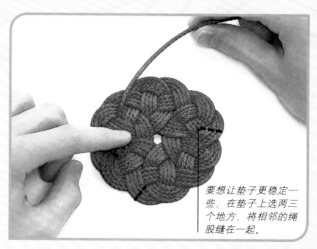

要想让垫子更稳定一些，在垫子上选两三个地方，将相邻的绳股缝在一起。

剪短绳头并热封，然后在垫子底部将相邻的绳股缝在一起。

海洋垫

　　海洋垫还被称为海洋褶垫，这种椭圆形的垫是重复利用旧绳子的一个绝佳办法。粗些的绳子是练习编织这个垫的最好材料，此外，如果绳子非常细的话，要编个圆圈垫（见110～111页）的时候，就要把细绳按住。先从打个反手结（见13页）开始。将其旋转180度，这样绳头就在下面了。一端绳头可以短点，这样，编织产生的纠结就可以按同一个方向捋顺了，或者先把细绳对折，这样就可以从两边编织绳垫了。

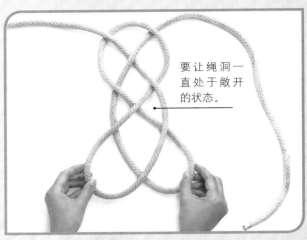

要让绳洞一直处于敞开的状态。

　　2 将左手绳环拉到右边，并将右手绳环压在左手绳环的上面。要让绳洞处于敞开状态，这样，在接下来的步骤中，这些绳头经过编织后会从绳洞里穿过去。

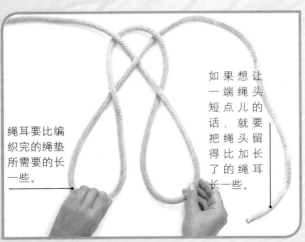

绳耳要比编织完的绳垫所需要的长一些。

如果想让一端绳头短点儿的话，就要把绳头留得比加长了的绳耳长一些。

　　1 左手绳头顺时针上移，右手绳头逆时针上移，两个绳头在顶部交叉。将成结的底端向上拉并压在交叉处上，在交叉点下方会出现两个绳耳，扩大绳耳并做顺时针缠绕。

　　3 拿起右上方的绳头。将其压在向左倾斜的长绳环顶端的绳弯上，并位于另一个长绳环两绳股的下面，然后再次压在上面。

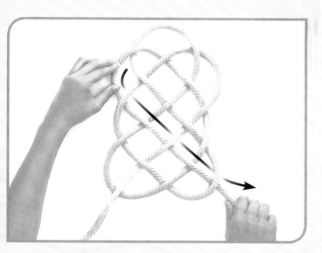

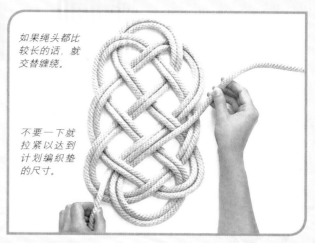

如果绳头都比较长的话，就交替缠绕。

不要一下就拉紧以达到计划编织垫的尺寸。

将另一个绳头向下、向上、向下、向上、然后再向下以封闭绳结。要保证垫子形状是平均的、对称的，并要比最终成形的垫子稍大一点。

继续按图所示进行缠绕，要尽可能多地缠绕，以此将绳洞填满。当结束时，通过主绳完成两次或者更多次的穿越将松弛的纠结捋顺。

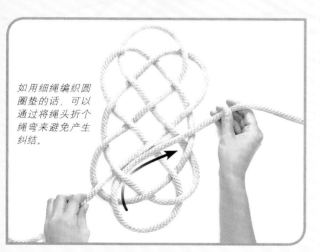

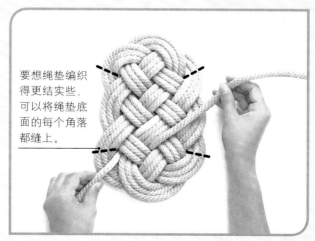

如用细绳编织圆圈垫的话，可以通过将绳头折个绳弯来避免产生纠结。

要想绳垫编织得更结实些，可以将绳垫底面的每个角落都缝上。

现在，较短的左端绳头变成主绳了。引导绳头先上后下穿过接下来的两个绳弯，这样它就与主绳平行了。继续缠绕以使得垫子变成双重的。

将绳头剪短并热封，在绳垫的底面用针缝好，或打几个绳头结。如果垫子不是太小，细绳也不太硬的话，就将绳垫底面用针线将相邻的绳股缝在一起。

刀具手柄挂绳

•中国结

  单股的刀具手柄挂绳可以当做简易的拉链头或钥匙链用。如果像中国结那样紧的话，它也可做精美的阻塞物用。传统上，人们一直把它系在包上当栓扣用，或在夹克前面当软扣用。双中国结（见117～119页）、双重刀具手柄挂绳（见120～121页）以及四次缠绕三个绳弯组成的绳索装饰结，打法都是基于单刀具手柄挂绳的编织方法上的。

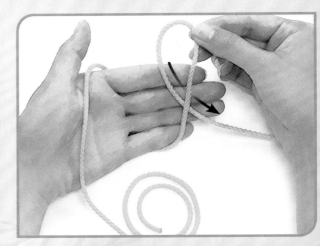

1 取来一根绳子并对折放在一只手上。在手背上，用绳的末端打个正手结。

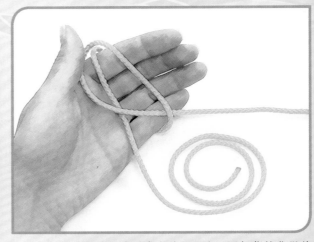

2 将打好的绳结压在手掌上的细绳上。用拇指按住绳结使其固定在原位。

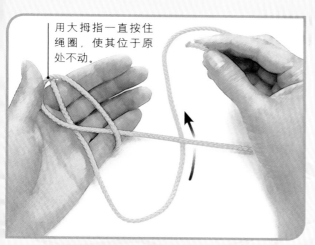

用大拇指一直按住绳圈，使其位于原处不动。

将另一绳头牵引至这个绳头后并按图示从下面穿过。

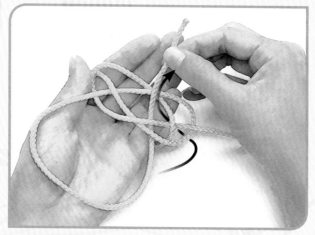

从下面将绳头塞进绳结中间的绳洞并从中穿过。这样就打了个中国结。至于刀具手柄挂绳，则按箭头所示进行塞进并穿过。

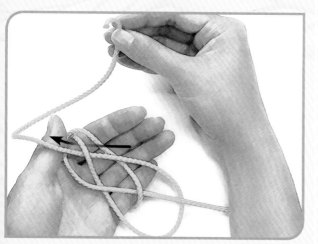

将这个绳头按图示从上面塞进绳圈，在绳圈内的本绳下面，穿过并压在绳圈的另一侧上面，这样，同一根细绳上的相反的一端就打了一个连接绳结（见55页）。

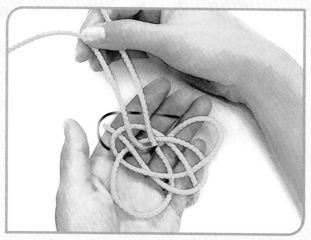

要打个中国结，将另一个绳头以同样的方式从绳结中间穿过。要编织刀具手柄挂绳，则遵循箭头所示进行操作。并对绳结中的纠结进行整理。

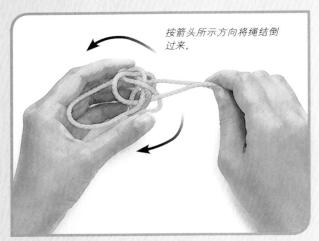

按箭头所示方向将绳结倒过来。

7 将绳结从手掌中拿起，按图所示用手轻轻握住，向左拉，同时将绳头向右拉。从绳环的每个侧面的底端到绳头间，整理绳结中产生的纠结。

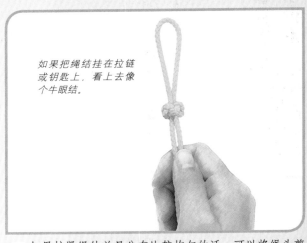

如果把绳结挂在拉链或钥匙上，看上去像个牛眼结。

9 如果拉紧绳结并且分布比较均匀的话，可以将绳头剪短、平整，并再次热封，两条绳尾要留得长一点，或者用锥子拆开当穗子用。

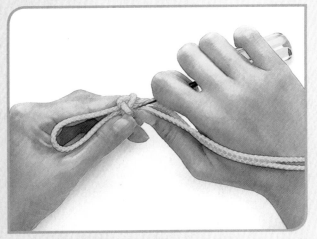

8 用锥子将绳结收紧，还是从绳环各个侧面的底面开始收紧。拿个小锤子将绳结打理得平整、均匀一些，如果必要的话，就再次拉紧。

中国结

如果要在正中留下一个微小的环结，先找一个小的别针从环结中穿过，以防止这个小绳环无意中从绳结间穿过。

10 整理绳环，差不多将其完全从刀具手柄挂绳中揪出，这样在拉紧过程中，会出现一个中国结。也可把中国结拉紧，这样，绳环就消失了。

双中国结

　　双中国结的用途与单个的（或非对折的）中国结（见116页）相同：它可以当大一点儿的软扣或开敞式的纽扣用，可以系在包上以及夹克衫的前面当扣用。对折的绳结要比单结大，而且更结实，打结的时候不用像单中国结那样在中间打个小的绳环。

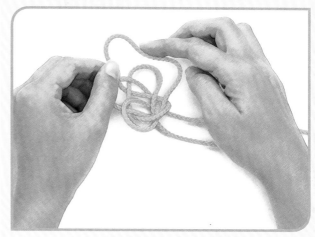

将中心孔对面的绳环顶端中间部分从外向里轻轻推。

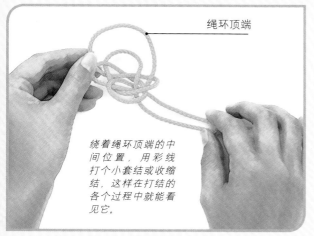

绳环顶端

绕着绳环顶端的中间位置，用彩线打个小套结或收缩结，这样在打结的各个过程中就能看见它。

按照刀具手柄挂绳（见114~115页）步骤1-6的打结方法进行编织，绳环中间位置要足够大，手心朝下，将绳结从手上滑到一个工作台上，绳环顶端朝上。

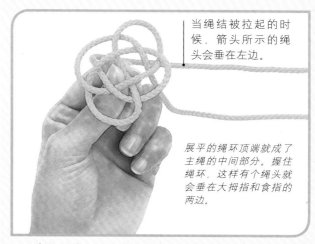

当绳结被拉起的时候，箭头所示的绳头会垂在左边。

展平的绳环顶端就成了主绳的中间部分。握住绳环，这样有个绳头就会垂在大拇指和食指的两边。

拿起绳结，并从底下用力按住展平的绳环顶端，要注意不要弄乱了形状。整理绳结中的松弛部分。

装饰用绳结

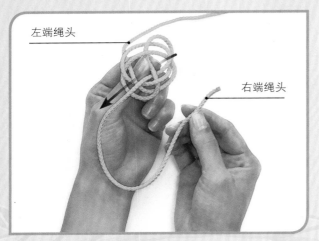

左端绳头

右端绳头

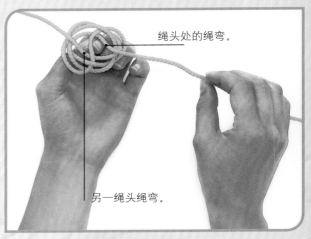

绳头处的绳弯。

另一绳头绳弯。

4 拿起右端绳头。向上牵引该绳头至主绳中央的左侧，一直用拇指按着它。将绳结中的松弛部分从中穿过并使其位于顶端的上面。

6 再次将松弛部分从中穿过。在下一步中，两端绳头的两个绳弯将会被推到一起。

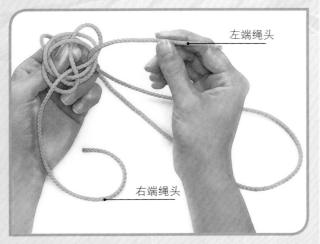

左端绳头

右端绳头

要将该绳结变成双重的，以相反的方向分别牵引两端的绳头使其并行排列。

5 拿起垂在左手侧的绳头。向上拉动该绳头至主绳中央的右侧，拉动时要一直保持其在食指上面。

7 将两绳头处的绳弯推向一起并将力道传到这些绳弯上。通过相反方向的分别牵引，使两端的绳头并行排列，并开始做双重绳子构成的绳结的缠绕。

继续双重缠绕绳结，直到绳头位于中间主绳的两端。

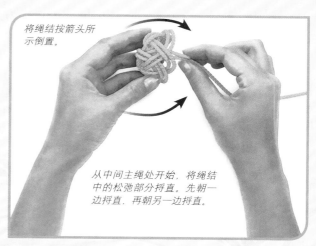

将绳结按箭头所示倒置。

从中间主绳处开始，将绳结中的松弛部分捋直。先朝一边捋直，再朝另一边捋直。

用右手按住两端绳头，将蘑菇状的绳结朝着绳头倒置。用锥子将松弛部分捋直。

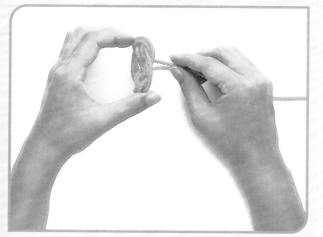

拿起右手上的两个绳头，并将其靠近绳结。用左手轻轻按住绳结的边缘，准备将其倒着塞进最后的形状当中。

用小锤子将绳结平整成一个比较均匀的形状，如果需要的话，可再次拉紧绳结。

装饰用绳结

双重刀具手柄挂绳

•工具挂绳

　　与单刀具手柄挂绳（见114~116页）一样，双刀具手柄挂绳可以当做拉链头或钥匙链用，但是这个结比较大，携带更方便。因为该绳结比较大，那么还可以把一端的绳头塞回到绳结里，这样就会产生第二个绳环，可以用它来挂东西或当装饰用，比如刀的挂绳。也可以将绳结挂在什么东西的颈部或腕部上。要注意，这个绳结可没有什么安全栓能握在手里。

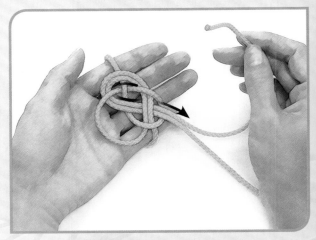

2 继续用这个绳头打绳结，直到它与绳结的另一个绳头平行为止。

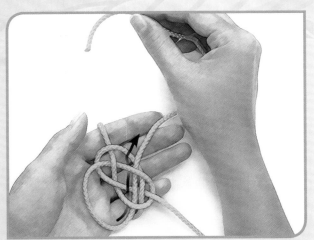

1 步骤1-4与单刀具手柄挂绳（见114~116页）相同。将左端绳头牵引至邻近绳弯下，压在另一绳头上，并从下一个绳弯下穿过，形成一个绳环。

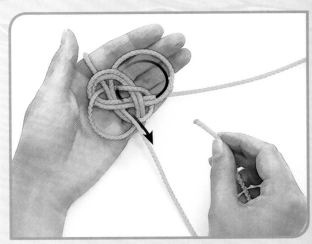

3 现在，将第二个绳头压在第一个绳头上，位于相邻绳弯下，这样又形成一个侧绳环。将其穿过绳结进行编织，并与现有的绳股平行。

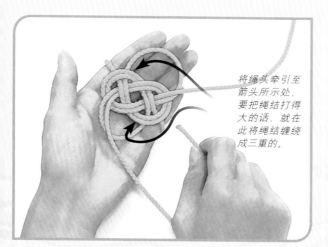

将绳头牵引至箭头所示处。要把绳结打得大的话，就在此将绳结缠绕成三重的。

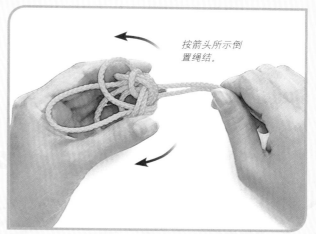

按箭头所示倒置绳结。

现在绳结是两重的。要打成三重的，牵引那段侧绳环处平行的两个绳头并将它们塞进绳结里。沿着绳结依次缠绕，直到每个绳头在侧绳环的中间出现为止。

与刀具手柄挂绳（见 116 页）步骤 7 一样，将绳结轻轻从手中滑到工作台上。用左手按住，并将绳头向右拉，将绳结倒置成一个三维形状。

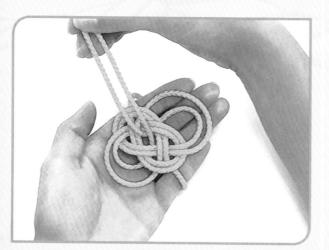

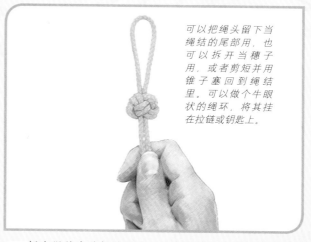

可以把绳头留下当绳结的尾部用，也可以拆开当穗子用，或者剪短并用锥子塞回到绳结里。可以做个牛眼状的绳环，将其挂在拉链或钥匙上。

进行双重或者三重缠绕之后，将两个绳头从绳洞下面穿过。轻轻地将绳头的松弛部分带出绳结。

将直绳结中的松弛部分，从绳环的各个侧面的底部开始，用锥子将绳结收紧。用小锤子将绳结平整，如果有必要的话，可再次收紧。

工具挂绳

试着拉一端的绳头，看看哪个绳弯移动了。用锥子挑起那个绳弯，然后将绳头从绳结中穿过。

8 打双重刀具手柄挂绳（见120~121页），根据绳结的颈或腕处调整绳环。找出由任意绳头折成的最后一个绳弯，并将其从绳结后面穿过绳结。

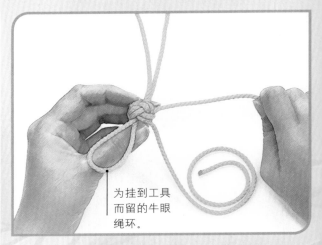

为挂到工具而留的牛眼绳环。

10 重复步骤8和步骤9三或四次，同时将第一和第二个绳头从空隙中拉出。这样做可以确保绳环在挂到什么东西上时会比较结实。

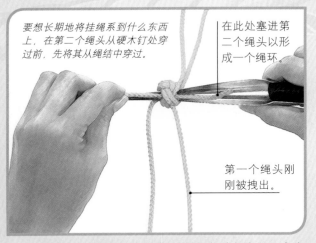

要想长期地将挂绳系到什么东西上，在第二个绳头从硬木钉处穿过前，先将其从绳结中穿过。

在此处塞进第二个绳头以形成一个绳环。

第一个绳头刚刚被拽出。

9 将硬木钉从两个已经被带出的绳头形成的绳洞中穿过。将第二个绳头从硬木钉的空心处穿过。再从绳结中穿过，这样就形成了一个绳环。

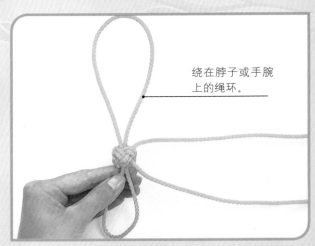

绕在脖子或手腕上的绳环。

11 为了最后将绳头塞进绳结中，不要移动第一个绳头，相反，将第二个绳头放在第一个绳头旁边。再次确认绳结已经收紧，然后剪短绳头。

绳索装饰结（四次牵引，三个绳弯）

• 绳索装饰结（四次牵引，三个绳弯）：衍生绳结

　　绳索装饰结是绳结家族中比较有名气的一员，童子军领带夹、皮环即是装饰结的一种。很久以来，它就作为航海绳结用于装饰用途，也可以当实用的绳结用。即便是今天，人们还采用这个绳结作为上舵柄轮的标记。人们在描述绳索装饰结时，多采用打成绳结需要缠绕的圈数或者互相交织的绳股数，以及绳弯数量或者轮圈的曲边数量进行描述。

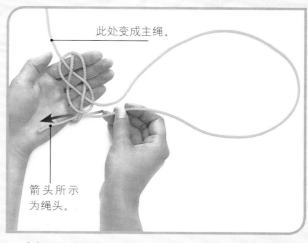

此处变成主绳。

箭头所示为绳头。

重复刀具手柄挂绳（见114~115页）步骤1-4的操作。牵引右侧或低端绳头在手后穿过绳环，穿过之后让其垂下。

装饰用绳结

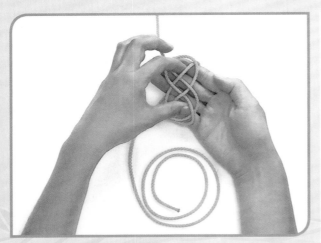

2 将绳结滑到右手手指上。伸出左手食指和大拇指，分别插入中央开口处的上下方，并且要捏在一起。

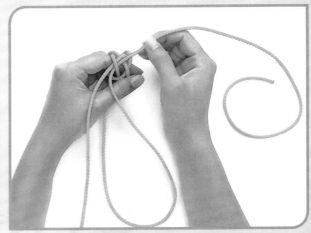

4 将绳结滑到左手食指上。将绳头塞进绳结里，使之位于主绳下面，并与主绳平行。现在绳结呈封闭形，可以准备进行第二轮缠绕了。

现在，这个绳结已经出具绳索装饰绳结的轮廓了。

3 将右手上的绳结滑到左手大拇指上。保持绳结松弛，但是也要整理绳结中的松弛部分，以保证绳结分布平均，呈对称分布。

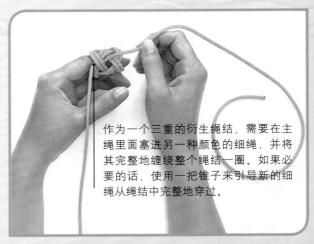

作为一个三重的衍生绳结，需要在主绳里面塞进另一种颜色的细绳，并将其完整地缠绕整个绳结一圈。如果必要的话，使用一把锥子来引导新的细绳从绳结中完整地穿过。

5 进行双重缠绕绳结，直到绳头再次来到开始缠的地方为止。现在绳结已经是双重的了。

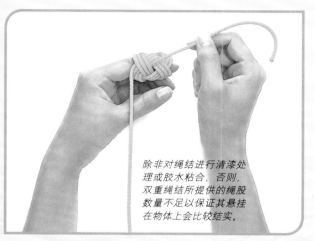

除非对绳结进行清漆处理或胶水粘合，否则，双重绳结所提供的绳股数量不足以保证其悬挂在物体上会比较结实。

继续缠绕绳结一到两次，并将其放到需要装饰的物件上。用锥子将松弛部分捋直了。将绳头剪断，并将它们推到主绳下面。

将绳头从手掌处交叉的两个主绳下穿过，并按箭头所示将其引到两主绳交叉点的右上方。

绳索装饰结
（四次牵引，三个绳弯）：衍生绳结

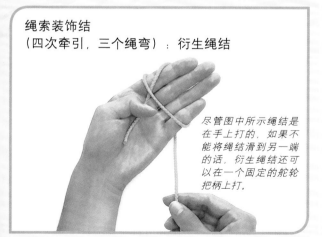

尽管图中所示绳结是在手上打的，如果不能将绳结滑到另一端的话，衍生绳结还可以在一个固定的舵轮把柄上打。

用拇指按住主绳。牵引绳头使得前面有两个交叉的主绳，后面是两个平行的主绳。

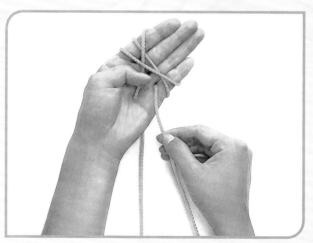

现在，将其牵引到手后，并从左端主绳后穿过，然后再从前、从左穿过所有的主绳部分。

装饰用绳结

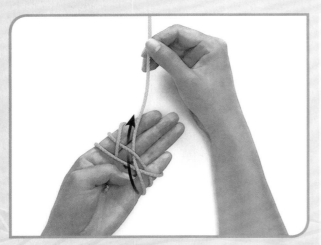

10 按图所示，将绳头向上拉，并压在第一条主绳上，从第二条主绳下穿过，然后将手翻过来。

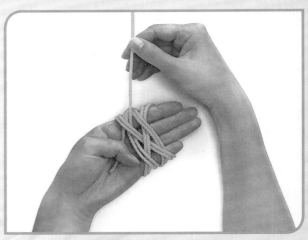

12 牵引绳头使其与主绳部分平行，这样就把绳结封闭了，然后进行第二轮缠绕。

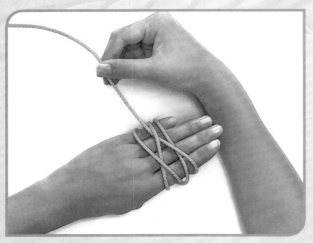

11 将绳头压在第一条主绳上，并从交叉的主绳右上方穿过，然后压在交叉点的左上方。将手翻过来。

对于领带夹或套餐巾用的小环，先调整绳结的大小和形状，然后再对其进行装饰，或者将其放到易干的稀溶液里用胶水浸好。

13 至于步骤5和步骤6，则按要求尽可能多地缠绕。最后对打好的绳结进行修整，并将绳头热封。

绳索装饰结（三次牵引，五个绳弯）

在使用相同的细绳、缠绕轮数也相同的情况下，与四次牵引、三个绳弯的姊妹结相比，这个三次牵引、五个绳弯的装饰结更显狭窄些。它是编织三股辫状物的环形版本，用来装饰长发，或马鬃毛和尾毛。这种缠绕手指打的装饰结在收紧前可以滑到某个物体的一端上，也可以采用相同的打法，直接把绳结打在一个固定的物体上，例如固定的围栏上。

按箭头所示，将绳头压住右侧主绳底部并从交叉主绳的右上方穿过。

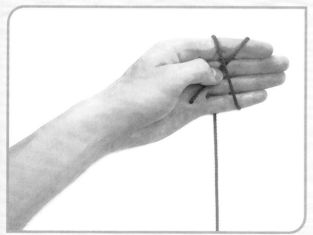

用大拇指按住主绳。牵引绳头缠绕，在手心上与主绳交叉缠绕，这样手心上就有两个主绳，而手背则有两条平行的主绳。

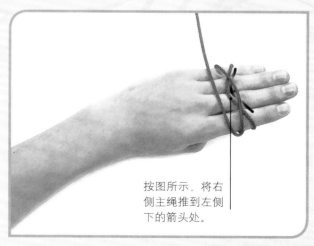

按图所示，将右侧主绳推到左侧下的箭头处。

将手翻过来。将绳头牵引到左边。将右侧主绳推到左侧主绳下，使得两绳交叉，交叉两点间会有一个开口。

4 将绳头向上拉，并从中间开口处的下面穿过。现在，牵引绳头至右上方的主绳下。

对于领带夹或套餐巾用的小环来说，先调整绳结的大小和形状，然后再平整修饰，或者把它浸到容易干的稀溶液里浸湿。

6 将绳结交叉点用食指撑开，直到它们是等距的。再根据需要的宽度，对绳结进行几轮缠绕。

5 将手掌翻过来，让手心再次对着你。牵引与主绳平行的绳头以封闭绳结。

绳弯

走向

7 用锥子将几次缠绕形成的松弛部分捋直了，在绳结起始处剪断绳头，并将所剩的绳头从主绳下塞进绳结里。

所罗门编绳

　　所罗门编绳也叫葡萄牙编绳，是最著名的流苏花边装饰结，常用来做盆栽植物的吊架。所罗门编绳拉链头和钥匙链都是平面而不是球面轮廓，而且用粗绳编织的绳结可以用来做比较结实的艇护舷。它和其他绳结结合在一起，可做成很精美的、可以清洗的、又防水的手镯，或者做成能拆下来的帽圈，必要的话，还可以在宿营的时候添加额外的绳索。所罗门编绳要是编得足够大的话，还可以用来做个拎起来比较舒服的手柄，这样还能保护手不受伤。

拿起该绳头上部，先从前绕，再从后绕，绕到绳弯后面，然后再向上从步骤 1 中折好的绳环中心穿过。

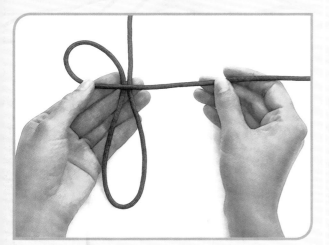

将绳子对折，绳弯要对着你本人，牵引左边绳头做个绳环，然后从绳弯前面向右压住。

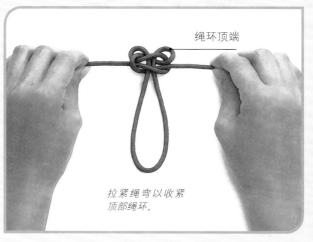

绳环顶端

拉紧绳弯以收紧顶部绳环。

现在将编织过程颠倒过来：拿起右边绳头上部，在左边绳头前和绳头尖处，先从前穿过，再从后穿过，最后向上穿过绳环。

装饰用绳结

4 按图所示，用每次牵拉在绳结前面的绳头，继续打结。如果你每次都从同一侧牵拉绳头的话，那么这个编绳看起来就是呈螺旋形的。

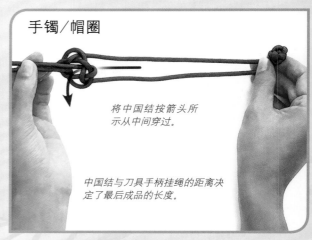

手镯/帽圈

将中国结按箭头所示从中间穿过。

中国结与刀具手柄挂绳的距离决定了最后成品的长度。

6 在某处将绳子对折并打个中国结（见 116 页）。打个刀具手柄挂绳（见 114~116 页），其与中国结部分构成一个绕在手后的绳弯。

热封或用胶水封。

5 如果太长了，就将多余的绳头剪掉，并热封或用胶水封。打个牛眼环挂到拉链或钥匙上，或者系到开口环上。

挂东西时，是用中国结上面的绳环挂。

7 将中国结从刀具手柄挂绳中穿过。调整完双重绳环的长度之后，拉住垂下来的四股绳头以收紧刀具手柄挂绳。

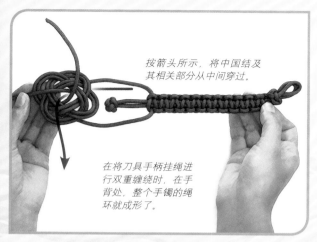

按箭头所示，将中国结及其相关部分从中间穿过。

在将刀具手柄挂绳进行双重缠绕时，在手背处，整个手镯的绳环就成形了。

从带有两个长绳头的所罗门编绳开始，将中国结向前推进约 2.5 厘米。打个双重的刀具手柄挂绳（见 120~121 页）。

确保中国结和双重刀具手柄挂绳之间的距离足够大，如果双重绳环压在中国结上的话，两者间的缝隙能够完全容纳双重的绳环。

将中国结从双重刀具手柄挂绳中间穿过，并拉紧绳结至所罗门编绳状的末端。剪断绳头并加以平整。

提手

有一点需要注意，就是细绳的长度要能满足最终的提手长度的需要。

要做个易携起的提手，先找一根绳子并在中间对折，在一端做个牛眼环并系在所需的物体上，然后再以绳环的形状从物体的另一侧穿过。要保证细绳足够长，这样打好之后拎东西才会舒服些。

当提手打完后，先从带有绳头的所罗门编绳花纹开始，像步骤 5 那样剪断绳头并热封，或者将绳头用胶水粘上。

装饰用绳结

绳索梯

　　绳索梯便于携带，又能折叠起来，其编织方法也简单易学，还不会生锈，因其柔软，放在船头上，人们可以光着脚或者脚湿了也可以在上面攀爬。在不使用时或将其改作他用时，绳索梯也容易拆开，并且很容易盘成绳盘折叠起来放好。绳索梯很轻，小孩都能拿得动，升降都很方便。因为横档不像木梯横档硬度那么强，因此，绳索梯的宽度要比人脚稍大些。横档之间预留的空隙要适当，以便最小的孩子也能使用绳索梯。

1 在绳子中间打个 8 字形环圈结（见 30 页）。用右侧绳头折两个相连的绳弯，形状如同字母 S。S 形的长度决定了最终绳索梯的横档宽度。

按箭头所示，将左边绳头由前至后从上边的绳弯洞中穿过，并位于下边绳弯两侧的下面。

查看一下两端垂直的主绳部分是否长度相同，只有长度相同才能保证横档处于水平位置。

继续向右缠绕，直到下边的绳弯洞都被盖住为止。牵引该绳头并从后压在横档上，缠绕住右侧的主绳，然后延长绳头向下穿过绳洞。

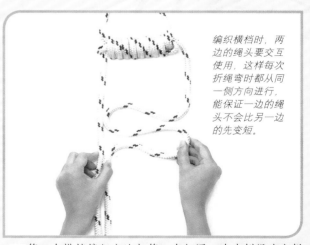

将该绳头向上缠绕并压在这两个绳弯的顶端上，然后再从绳弯后绕到绳弯前，继续绕着绳弯缠绕，直到编好第一个横档。

编织横档时，两边的绳头要交互使用，这样每次折绳弯时都从同一侧方向进行，能保证一边的绳头不会比另一边的先变短。

第二个横档编织方法与第一个相同：在右侧绳头上折S形，再将左端绳头从上边的绳弯里穿过，压入第二个绳弯之下，然后再从左至右进行缠绕。

装饰用绳结

术 语

轴： 线轴或卷轴的中间部分，也就是细绳或线所缠绕的一个物体。

锥子： 带有手柄的细的金属钉，用来在皮革和帆布上扎个口子，用来缝纫，或在手指够不到的地方将绳子拽出绳结，用来将绳结安全地拨出来。

绑结： 它是一种绳结，用来把两根绳子首尾相连；（动词）将绳子系到桅杆上或物体上，将帆系到桅杆上，将两根绳子在绳的末端连接起来。

绳弯： 绳索两个绳头间的任何部分。还指在扁平的绳环上的弯曲部分，准备打结用的。

捆绑： 以一根绳子打的绳结，用来将袋口封住，或限制住，或将其收缩，或稍微将某物绑住或将绳股绑在一起。

滑轮： 一种封闭性的设备，包括滑车轮。通过它，绳索就可以改变方向；也指航海中用的皮带轮。

绞绳： 在航海术语中是指辫绳。

辫绳： 带有内部互相交织的绳股，同时从左右两个方向交织的，通常是由一个或多层外皮缠绕一根绳芯组成的。

倒置： 改变绳结的结构，要么是出于误操作或重叠在一起，要么是在收紧或逐步编结时故意造成的一种效果。

登山用铁锁： 是一种与强力挂钩类似的设备，但有其自身特点，特别适合登山用；它有一个能打开和锁上的部分，如果锁上，就可以防止绳结偶然性地解开，对于把缆绳系在系锁栓上的绳索来说，可以当做闸来用。

帆耳锁／绞帆锁： 用来将帆片（操纵索）系在帆上的金属圈或索眼。

盘绕： （名词）整理好的绳索，以方便存储和运输；（动词）将绳索以统一的形状进行整理，以便在编织绳结时好控制，并且不会出现纠结。

绳索： 绳子、线或细绳的通用术语。

芯： 辫绳最里面的构成部分，通常是绳索最结实的部分。

索眼： 圆形的金属套管，可以缝在帆上，或者将绳索缠绕在它上面。其用途与嵌环类似。

双重缠绕： 牵引一条绳索，无论它是一条新绳子还是绳结自身的绳头的一部分，通过缠绕使之与另一绳子或绳头平行，以此来将绳结大小或宽度加倍。

锚索眼： 在鱼钩上、其他物体或绳子上的一个小的圆形结构，大小要能容纳绳索或绳索的绳弯能够从中穿过去。

平顺： 通常是装饰性工作，在收紧绳结前和后，对绳结进行整理或调整，使得它受力均匀，呈对称或平衡状态；可以使用小锤子对绳结进行轻度的敲砸。

纤维： 制作绳索的基本原料——聚乙烯、大麻等材料，或者该材料的一段个别绳股。

硬木钉： 一种长钉或具有长的圆锥形通道的物体，用来将绳索分开和拆开绳索、线或打结的绳股，这样就可以将另一条绳股加进来。

依循： 牵引一根绳索使之与另一条绳索平行。

收紧绳圈： 非结构性的捆扎，主要用于与现有捆扎基本上呈直角的捆扎，目的是为了对其进行压缩或使之转向，并增加受力。

斜桁： 圆材，通常是依附于帆的上部或上前方、边缘等部分。

半结： 缠绕某个物体所打的一个正手结，

然后将绳头压在主绳上。

升降索： 用来将圆材、帆或旗子提拉起来的绳索。

抛缆： 带有一个大绳结或一端系有小物体的一条轻绳索，用来将绳索抛给另一个人或别的船上。

套结： （名词）将一个负重的绳子与物体连接起来的绳结；（动词）打个半结或一系列半结。

应急桅杆： 在发生紧急事件时备用的桅杆，要么接在断了的桅杆上，要么与另一根桅杆绑在一起。

捆绑加固： （名词）一个绳结，或一系列缠绕，将两个或多个结构性的物体绑在一起；（动词）完成绳结或缠绕的过程。

绞绳： 比较传统的绳索，通常由三股斜交的绳股构成。

系索： 通常是装饰用的绳索，用来把物体系住，让其留在原位，或防止其丢失。

股数： 绳子的股数，以及缠绕的方式。硬股和软股是用来描述绳股缠绕得是紧还是松。

封闭的： 描述绳结被锁上的状态。

锁定塞进： 用绳头最后塞进绳结，进而完成整个绳结打结的过程。

绳环： 绳索上固定的或可调整的眼，用来系或绑到什么东西上；创造出一个或多个、固定的或可调整的绳环。

绳针： 金属或木质的长钉，用来解开比较复杂的绳结，拆开绳子或线的各层，并帮助打结。

引绳／用绳索扎紧： 用来引导线或把重的绳子拉到一个地方。

对折： 将一定长度的绳子在中间对折。

单纤维丝： 长纤维突出来的单股绳。

多纤维丝： 纺成的、缠绕成的、或编成辫的、细绳股的绳索。

在绳弯上：将绳结打在一定长度的绳子上的某点上，但不是绳头处的一个术语。

反手交叉：与反手缠绕类似，但是所形成的绳环不是一个正圆。

反手缠绕：是由绳头压在主绳上形成的一个圆圈。

穿过：是指穿过绳结的全过程，可以是牵引绳头进行绳结的双重缠绕，可以是整理绳结中的松弛部分并将其塞进主绳内。

暂时缠绕：梨形或圆形圈，是在打结过程中一个单独的过程近乎偶然所形成的一个形状。

船首旗杆：一根长杆或棍子，把一面小旗系到上面，然后再将其提拉到桅杆和绳索的顶部。

捻绳：带有互相交织的绳股的绳索，绳股要么是以左右成对角线交织，要么与绳索纵向交织。

缩帆绳：系到帆上的一定长度的线，在海上有大风的时候，用来将帆布收缩起来，以减少帆的面积，或指接受这条线穿过的孔眼。

绳子：比较粗的绳索，可以在手上灵活处理的。

环绕：一根绳子绕着某个物体缠一圈半时所形成的一个形状。

S捻：捻绳当中不太常用的一种编绳方法，绳股都是向左搓成的。

编索：是指通过把绳股编成辫，或把绳股交错编织或打结而构成的一个物件或一定长度的绳索。

钩环：带有螺旋销的U形或弓形金属固定设备，可以将钩环关闭或上锁。

钩环销：有沟槽的金属工具，用来拉紧并解开钩环的螺旋销；钩环销和硬木钉常常被融合成一个工具。

易断的薄膜绳子：是由绷紧的、比较细的绳股而不是圆形纤维做成的绳子；相对来说，价格低廉并且常由废料做成。

滑车轮：轮状的设备，将绳索放在上面可以在滑车上或皮带轮上运行。

缭绳：对帆的后部边缘进行修剪的绳索。

减震索：一种有弹性的绳索，通常是带有细的辫绳外层，而绳芯则是橡胶绳股。

侧铣刀：用来切割轻的单股线或钉子的工具；也特别适合切割最小的绳索。

吊索：用来将物件提拉的同时又能起支撑作用的一定长度的绳索。

滑结：在绳头处折个绳弯，并用该绳弯打成的结，叫做滑结，常被用来进行最后的塞进。轻轻一拉绳头，该结就会散开。

强力挂钩：有着门状样式的钩子，用来快速拴系物件，带有负重的弹簧或大头针，可以用来快速地解开绳结，可以防止其掉下来。

收紧：拉动或调整直到绳结与别的东西紧紧绑在一起，或者绳结中所有的松弛部分都被捋直了。

圆材：实际上，它可以指船上用来拉起帆或用索具支撑的任何柱子；通常不指桅杆。

拼接：将一根绳子的部分或所有绳股与另一根绳子编织到一起或锁在一起的过程。

主绳：绳子的一部分，可以向上或向里拉动，绳结的发端，通常是负重的那部分。

挡环：用来阻止绳索从孔眼中滑落或将绳索限制到某个空间的绳结。

滑车：滑轮或皮带轮，使得提拉物件更容易。

绳尾：打完绳结后绳头所剩下的那部分。

嵌环：金属或塑料的套管，通常为梨状，可以用来拼接绳索；目的是为了防止绳结破损并阻止绳子绕紧固点而收得太紧。

细绳：直径小的绳索——还被称为"小绳"——太细了，不能负重，但可以用来做装饰性的工作、结绳以及轻型的活计中。

套索钉：简单的金属或木质物体，有时是为特殊目的定制的，用来将绳结分离或绑紧，或者将分离的绳子的绳弯接起来。

塞进：（名词）将一绳股深入另一绳股下的效果；（动词）将一绳股塞入另一绳股下的过程。

缠绕：（名词）将绳索在圆材、物件或另一根绳索上绕一下，或是简单的U形或是360度缠绕一圈；（动词）将绳索绕在圆材、物件或另一根绳索上。

正手交叉：与正手缠绕类似，但是区别在于绳环并不是一个很圆的圆圈。

正手缠绕：将绳头从主绳下穿过所形成的圆圈。

绳头结：将绳子或单独的绳股绑束住，以用来防止其磨损的方法，或绳子自身缠绕所形成的一个孔眼。

绳头结缠绕：用来打绳头结或编织重活时用的细绳。

工作端：用来打结的那部分绳索；也许就是绳弯。

绳头：绳子的末端，用来打结，但不是绳结的一部分；打完结后，所剩下的那部分即是绳尾。

Z捻：最常见的绳子的编织方式，绳股都是向右搓成的。

页码	绳结名称	难度级别	通用	宿营	登山	垂钓	航海	野外活动	功能
40	工程蝴蝶结	2	✓	✓	✓	✓	✓	✓	附加在旗帜上的绳索缠结点；登山扣；拉铅垂；简单的紧急避难梯
72	锚结	1	✓	✓			✓	✓	系住船锚；支撑帐篷；提拉井盖
38	钓鱼结	2	✓			✓	✓	✓	在钓鱼线上附加一个转环；拴小艇；在减震索上做个绳环
44	轴结	2	✓			✓			将绳子绑在鼓形物上；或者将钓鱼线系到绕线轮上；或为木棍或圆材打个滑动环
56	阿什利结	2	✓	✓			✓		连接不同材料的绳索；连接细线；做个四边承重的结
22	袋口结	1	✓	✓				✓	确保将袋口、或麻袋或滚垫或一捆东西绑紧
71	吊桶结	1						✓	提拉、悬吊没有手柄的吊桶、雕像或方形盒子
42	血液循环滴管结	2				✓			将添加鱼钩或铅垂的辅线绑系在主钓鱼线上
26	瓶口结	3						✓	提起或移动一个瓶子、烧瓶或者小罐子
32	称人结	2	✓	✓	✓	✓	✓	✓	非常实用的日常生活结；将绳绑在木棍上；将不同的绳子连接起来
36	绳弯称人结	2	✓			✓	✓	✓	在钓鱼线上做两个绳圈；吊起和搬运外形不规则物体
75	上升索套结	2					✓		将帆片系到帆上、帆耳环或快速扣环上
55	连接绳结	1	✓					✓	连接重绳
68	卷结	1	✓					✓	将绳子系到柱子上；做个暂时的篱笆栅栏
24	收缩结	1	✓					✓	捆绑成束的柔韧材料；在切割前绑好绳索
64	牛眼结	1	✓				✓		将环状物系到封闭的绳环上，或者把绳索系到手机或相机上
91	十字编结	2						✓	野外活动；将两根斜线交叉的木杆绑定
117	双中国结	3	✓						可作为大点儿的软扣或开敞式的纽扣
120	双重刀具手柄挂绳	3	✓				✓		作为大点儿的拉链头或钥匙链用；小工具颈状部位的挂绳或当装饰用
98	眼环结	2	✓				✓	✓	在搓绳的末端做个永久性的眼环；将两条搓绳连接起来
51	8字绑结	1	✓	✓	✓				连接两条直径相同的绳索；延长宿营帐篷或船缆绳的长度
15	8字结	1	✓			✓			防止绳子从洞中或滑轮中脱落；也是一种装饰性的捆绑绳结
30	8字形环圈结	1	✓				✓	✓	可以把物体系到绳子上；做个固定的绳圈；在两点之间悬拉一个物体
52	渔夫绑结	2	✓			✓			连接钓鱼线、减震索或者绳子；调整系紧吊坠
104	手铐谜题	1	✓						从互相连锁的绳铐中解脱
76	强盗结	2					✓	✓	暂时将舢板绑定
103	极限绳结	1	✓						在两端绳头不离手的情况下将一根绳子打结
48	应急桅杆结	3		✓			✓	✓	为应急桅杆、帐篷支柱、旗杆装上索具；作为装饰物，缝在包或夹克袖子上
114	刀具手柄挂绳	3	✓						当做简易的拉链头或钥匙链用；软按钮或敞开式的扣件
110	圆圈垫	2	✓				✓		功能性或装饰性的草地席或桌垫；杯托盘；地垫

快速查询

页	绳结	难度	C1	C2	C3	C4	C5	C6	C7	C8	用途
70	绳针结	2	✓				✓	✓	✓		在用细绳提拉东西的时候增加一些力道；通过手柄提拉某种工具
108	猴拳结	3	✓	✓			✓		✓		抛揽；拴筏子或坠饰；拉链头；电灯开关或百叶窗拉绳；狗玩具
106	没有一个绳结	1	✓								在不需要解开绳结的情况下，让绳结消失
112	海洋垫	2	✓						✓		很容易打成的功能性或装饰性椭圆垫；门垫；餐桌中央的摆饰
60	单向接绳结	2	✓	✓	✓	✓			✓		沿着码头拖拽用船缆；沿着悬崖表面或整个屋顶向上拽绳子
13	反手结	1	✓	✓	✓	✓			✓		防止绳子滑入洞中，或者不让缝纫线穿过布
82	帕洛玛结	1					✓				把鱼钩或其他类似东西系到钓鱼线上
66	柱桩结	1	✓						✓		用绳索将小艇系到柱子或系船柱上；将标杆连接起来，做个暂时的栅栏
20	系木结	1	✓		✓				✓		捆扎大捆杆子或柱子；挂起一块厚板
74	普鲁士结	1	✓						✓		攀爬绳索把手处或器材绳扣
18	缩帆结	1	✓						✓		在航海中系缩帆索；捆包裹；轻松地在布面上打一个平整的平结
61	索架结	2	✓		✓				✓		将尺寸和质地类似的绳子连起来；将光滑的绳子连起来；四边承重绳结
105	指环脱落	1	✓								在不松手的情况下，将穿在绳环上的指环移走
79	轮结	2	✓		✓				✓		将绳索以某个角度系紧以承重；将晾衣绳系到帐篷的撑条上
132	绳索梯	2	✓		✓				✓		一个柔软的、可折叠的、重量轻的、便于收起的、便携式梯子
93	剪立结	1	✓		✓				✓		将木棍加固或续接；为帐篷或简易掩体搭个A字形支架
58	接绳结	1	✓		✓		✓		✓		延长船缆绳；在打结和编织时将绳子连接起来
100	短编结	3	✓		✓						将两条搓绳永久性地连接起来
84	钓钩线结	2					✓				将钓鱼线绑系在一个钩子上
129	所罗门编绳	2	✓		✓						扁的拉链头或钥匙链；手镯或帽圈装饰；拎东西用的舒服的手柄
46	西班牙称人结	2	✓						✓		提拉和悬停不规则的物体
89	方回结	1	✓		✓						野外活动；搭建轻型框架或花园棚架
54	外科结：绑结	1	✓				✓				缝扣；连接钓鱼线
17	外科结：捆绑	1	✓				✓		✓		可以用来绑缚皮革制品；捆扎任何用细线能够绑的东西，合股线或细绳
31	外科手术环结	1	✓				✓		✓		可以用于在减震索或钓鱼线的末端打个固定的绳圈
78	圆材结	1	✓		✓						拉起和搬运圆木；在琴马上绑系尼龙吉他线
81	上桅扬帆结	2	✓						✓		升起信号旗杆、升桅帆桅杆或者旗杆的横杆；吊起杆子
28	横木结	1	✓		✓				✓		临时捆扎加固；工艺和业余爱好；园艺中的搭棚或支架；绑系风筝骨架
95	三角支架结	2	✓		✓				✓		支撑悬挂起的钟、桶或罐子；供孩子们玩的圆形帐篷的支架
86	车夫结	2	✓		✓				✓		为拖车负重；加固帐篷支撑条
127	绳索装饰结（三次牵引，五个绳弯）	3	✓						✓		装饰用的管状结；握住或修剪手柄或圆锥物体；头巾或领带夹
123	绳索装饰结（四次牵引，三个绳弯）	3	✓					✓	✓		管状结；握住或修剪手柄或圆锥物体；头巾或领带夹

遇到下列情况打什么结?

如何在汽车后备箱或绳索库里防止绳索纠结	将绳索盘起来,卷起来
把几股绳索挂起来存储	盘绳,将线圈双重缠绕
将帐篷绳索系好,这样才能受力	车夫结
将拖车上负重向下盖起来,并系紧了	车夫结
将工具用绳子系上并提拉	绳针结,绳弯称人结/西班牙称人结
在水桶或油漆桶的把手上系个绳子并拉起来	在手柄上缠个绳圈以及两个半结
提拉一个没有手柄的油漆桶	吊桶结
做个容易握住的拉链	所罗门编绳,刀具手柄挂绳或猴拳结
防止绳头磨损	普通式、法式或西部绳头结
能在地面上解开挂件上的绳结	强盗结
将减震索连接起来;用减震索打个绳环	阿什利结和脚手架结;钓鱼环结
为搬运和提拉方便将板材或枝干捆扎起来	系木结
为箱子添加一个易携手柄	所罗门编绳
在拉紧时不会卡住的以两根绳子连起来的绳结	单向接绳结
做个轻些的易携带的梯子	绳索梯结
把行李等物件放到行李架上	轮结,锚结,圆绳圈以及两个半结
为抛绳的绳头加重	猴拳结
阻止绳子从滑轮上掉落	8字结
把鱼线系到鱼钩上	帕洛玛结,钓钩线结
紧紧抓住细的或滑的线	绳针结
当绳头不能够到另一个物体的时候,用绳子做个绳环	中间结,8字环结,绳弯上打个称人结或西班牙称人结
悬停一块木板作为临时的货架	以称人结收尾的柱桩结,称人结衍生结
在篝火上架个锅	三角支架结
装饰拐杖、轮船舵盘或舵杆把柄	绳索装饰结
在光泽平面或滑的轮子上或工具手柄上提升握住力道	绳索装饰结,用细绳而不是麻绳打的法式绳头结
将环形物系到封闭的绳环上或其他封闭孔眼的东西上	牛眼结
在帐篷里搭个临时的晾衣绳,或在帐篷间拉根绳子	营绳结
用旧轮胎做个临时的秋千	主绳绕着支撑物穿过绳环的称人结;称人结衍生结
将电导线盘好采用尼龙扎带把电导线系好	中间用收缩结,还要用带有足够长的绳头打个绕线缠绕的平结
防止晾衣绳磨损	反手结,8字结
为电灯开关绳上系个珠子	反手结,8字结;猴拳结
用旧绳子做个门垫,做个杯垫	海洋垫,圆圈垫
在竖着的帐篷杆或绳子上挂东西	普鲁士结
在花园里搭个框架和格子结构	横木结,方回结和十字编结
防止小物件落下或丢失	根据双重刀具手柄挂绳改编的工具挂绳
防止钥匙落入水中	带有漂浮线的猴拳结钥匙链

索 引

致谢

向以下人员致谢，鲍勃·多伊尔，大卫·格雷森，科林·格伦迪，杰奥夫·麦基，高登·派瑞，拉什卡特尔·西普钱德勒夫妇，杰奥夫·史密森尼，安吉·特恩布尔，以及乔尼·威尔斯，感谢他们为本书的出版所付出的辛勤劳动。

作者简介

内维尔·奥利菲和玛德琳·萝莉·奥利菲

两人都是国际绳结协会会员，经营一家小店，以制作和出售人工编织绳结和绳索工作为生，有近20年的从业经验。

内维尔从十几岁的时候就开始航海，并且在1968年开始从事海上贸易，并开启了作为兼职撰稿人的经历。他和玛德琳是悉尼最早的游艇拥有者之一，他们不断用绳头结和拼接绳结对游艇进行升级维修。内维尔主要关注于基本绳结和它们的用途，以及各种拼接技巧。

玛德琳是一个系统工程师，有着电子与通信知识背景，她主要关注实用与装饰绳结，并参加了国际绳结协会2007年和2009年在霍巴特两年一次的澳大利亚木舟节。

内维尔·奥利菲

玛德琳·萝莉·奥利菲（右图左）与贾明·帕克在一起，向其示范如何打结。